DANPIANJI JISHU JI YINGYONG

单片机技术及应用

| 主编 |

杨艳玲　唐渊

| 副主编 |

罗欢　张胡莉　姚丹　何良慧

四川科学技术出版社

图书在版编目（CIP）数据

单片机技术及应用/ 杨艳玲，唐渊主编. -- 成都：
四川科学技术出版社，2024. 10. -- ISBN 978-7-5727
-1571-6

Ⅰ. TP368. 1

中国国家版本馆 CIP 数据核字第 2024DN8258 号

单片机技术及应用

DANPIANJI JISHU JI YINGYONG

主　编　杨艳玲　唐　渊

副主编　罗　欢　张胡莉　姚　丹　何良慧

出 品 人　程佳月

策划编辑　何晓霞

责任编辑　文景茹

助理编辑　周梦玲

营销编辑　刘　成

责任出版　欧晓春

出版发行　四川科学技术出版社

　　　　　成都市锦江区三色路 238 号　邮政编码 610023

　　　　　官方微博：http://weibo.com/sckjcbs

　　　　　官方微信公众号：sckjcbs

　　　　　传真：028-86361756

成品尺寸　185mm × 260mm

印　张　8.5　字　数　170 千

印　刷　成都一千印务有限公司

版　次　2024 年 10 月第 1 版

印　次　2024 年 10 月第 1 次印刷

定　价　42.00 元

ISBN 978-7-5727-1571-6

邮　购：成都市锦江区三色路 238 号新华之星 A 座 25 层　邮政编码：610023

电　话：028-86361758

目　录

项目一　初识单片机及单片机存储器

【项目描述】

本项目主要介绍了单片机的最小系统、存储器、电路原理和工作原理，以及其在电子技术领域的应用和意义。本项目旨在培养学生的动手能力和团队协作能力；提高学生的创新意识、解决问题和自主学习的能力；增强学生的自信心。

任务一　制作 MCS-51 系列单片机最小系统

【任务描述】

了解单片机最小系统，并运用 Proteus 软件制作 MCS-51 系列单片机最小系统。

【学习目标】

1. 知识目标

（1）掌握单片机最小系统的基本组成结构。

（2）了解单片机的电路原理和工作原理。

2. 技能目标

（1）能够运用 Proteus 软件制作 MCS-51 系列单片机最小系统。

（2）能够分析和解决单片机最小系统的故障问题。

（3）培养学生的观察力、分析能力和实验操作能力。

【任务分析】

完成本任务需 4 个学时，本任务的工作流程如图 1-1 所示。

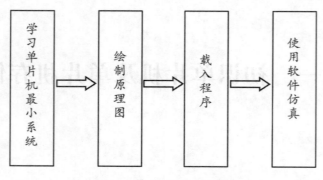

图 1-1　工作任务流程图

【任务实施】

1. 学习单片机最小系统

什么是单片机最小系统呢？图 1-2 所示的就是单片机最小系统的实物图，图 1-3 所示的是其电路图。用最少的元件组成的且可以正常工作的单片机系统，就是单片机最小系统。结合图 1-2 和图 1-3 我们可以看到，这个最小系统里有单片机芯片、复位电路、时钟电路和电源电路。

图 1-2　单片机最小系统

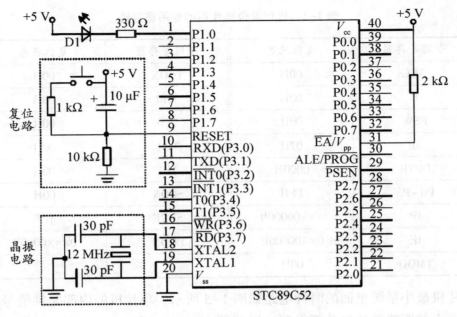

图 1-3　单片机最小系统电路图

现对单片机的复位电路和时钟电路进行介绍。

图 1-4 展示了 AT89C51 单片机的复位电路。MCS-51 系列单片机的复位方式有上电自动复位和按键手动复位两种，按键手动复位又分为按键电平复位和按键脉冲复位。

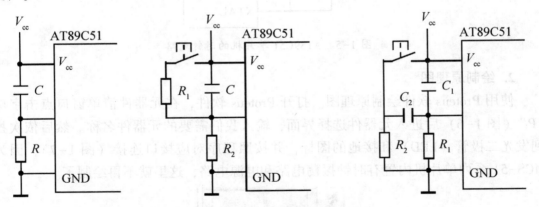

图 1-4　AT89C51 单片机的复位电路

复位操作可以使单片机进入初始化操作，或者是在单片机程序运行错误时重启单片机。它会把程序计数器（PC）的值清零，这样单片机将从 0000H 单元开始执行程序。复位操作还会影响其他一些专用寄存器（表 1-1）。

表 1-1　进行复位操作后的专用寄存器

专用寄存器	复位状态	专用寄存器	复位状态
ACC	00H	TCON	00H
B	00H	TH0	00H
PSW	00H	TL0	00H
SP	07H	TH1	00H
DPTR	0000H	TL1	00H
P0~P3	FFH	SCON	00H
IP	×××00000B	SBUF	不定
IE	0××00000B	PCON	0×××0000B
TMOD	00H		

单片机最小系统里面的时钟电路如图 1-5 所示。单片机的内部时钟信号可以由振荡器产生的振荡脉冲二分频得到，振荡器由 XTAL1 和 XTAL2 两个引脚之间连接上晶振和电容组成（图 1-5）。

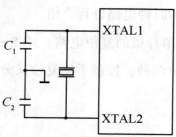

图 1-5　AT89C51 单片机的时钟电路

2. 绘制原理图

使用 Proteus 软件绘制原理图。打开 Proteus 软件，在元器件清单窗口点击字母"P"（图 1-6）后进入元器件选择界面，输入我们需要的元器件名称。然后依次找到发光二极管（LED）和接地的图标，并按照程序对应接口连接（图 1-7），因为 MCS-51 系列单片机内置有时钟振荡电路和电源电路，这里就不再绘制了。

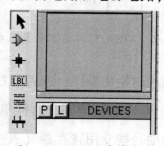

图 1-6　元器件清单窗口

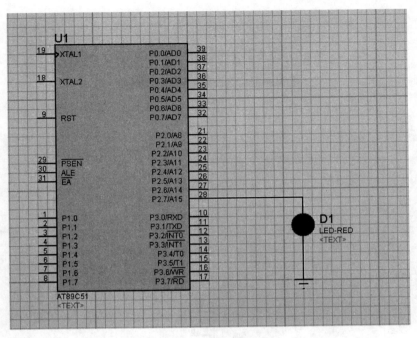

图 1-7　电路原理图

3. 载入程序

原理图绘制完成以后，就需要载入程序了，双击单片机，进入编辑元器件对话框，点击 Program File 的打开文件图标，找到在 Keil 软件中生成的后缀为 ".HEX" 的文件，将它载入单片机（图 1-8）。

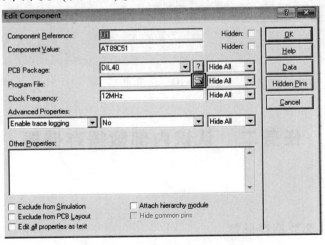

图 1-8　编辑元器件对话框

4. 软件仿真

点击软件左下角的开始仿真按键（图 1-9），就可以看到仿真结果，通过程序控制 LED 闪烁，LED 的两端可以观察到电位高低变化（图 1-10）。

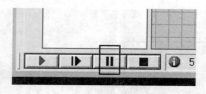

图 1-9　开始仿真按键

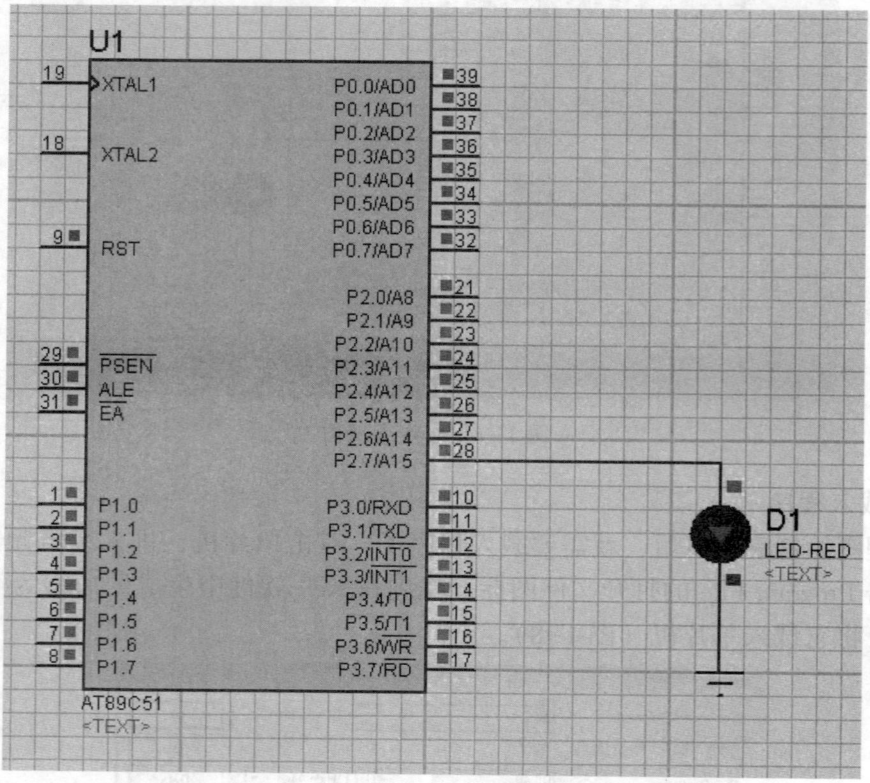

图 1-10　仿真电路

任务二　认识内部数据存储器

【任务描述】

认识单片机内部数据存储器。

【学习目标】

1. 知识目标

（1）认识单片机内部数据存储器的结构。

（2）认识单片机内部数据常用的特殊功能寄存器的运行原理。

2. 技能目标

（1）掌握单片机中的相关理论知识，能够应用所学知识解决生活实际问题。

（2）通过与教师和小组同学交流，共同解决问题和分享经验。

【任务分析】

完成本任务需 6 个学时。在本任务中，我们以单片机的存储器结构图为切入点，逐步解析 MCS-51 系列单片机的内部数据存储器、特殊功能寄存器，重点讲解单片机的内部数据存储器的结构和特殊功能寄存器的运行原理。本任务制订了工作任务流程，如图 1-11 所示。

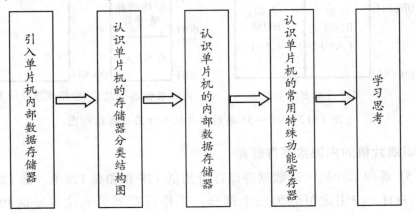

图 1-11　工作任务流程图

【任务实施】

1. 引入单片机内部数据存储器

在现代社会，信息的存储是至关重要的。单片机的存储器是信息存储的重要载体。它不仅用于存放程序指令，而且还负责储存运行时所需的数据，使得单片机能够执行各种任务。为了确保单片机的正常运行，合理地划分和管理存储器是不可或缺的。

2. 认识单片机的存储器分类结构图

在 MCS-51 系列单片机中，存储器有两类，分别是存储程序的程序存储器（ROM）和存储数据的数据存储器（RAM）。存储器按照空间逻辑可继续将以上两类分为四类：内部（片内）数据存储器、外部（片外）数据存储器、内部（片内）程序存储器、外部（片外）程序存储器。

如图 1-12，MCS-51 系列单片机内部数据存储器容量为 256 B，地址范围为 00H~7FH，80H ~ FFH，外部数据存储器可扩展 64 KB，地址范围为 0000H ~

FFFFH。内部程序存储器容量为 4 KB，地址范围为 0000H~0FFFH，外部程序存储器最大寻址能力可达 64 KB，地址范围为 0000H~FFFFH。

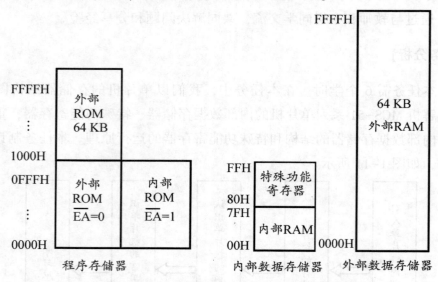

图 1-12　MCS-51 系列单片机存储器分类结构图

3. 认识单片机的内部数据存储器

MCS-51 系列单片机内部数据存储器分为低 128 B 和高 128 B。低 128 B 地址范围为 00H~7FH，按用途可分为三个部分：工作寄存器区、位寻址区和用户 RAM 区，如图 1-13 所示。高 128 B 是特殊功能寄存器区，是用来离散分布特殊功能寄存器的，其地址范围为 80H~FFH。

图 1-13　MCS-51 系列单片机的内部数据存储器配置（低 128 B）

工作寄存器区、位寻址区和用户 RAM 区的介绍如下。

1）工作寄存器区

工作寄存器区有 32 个单元，分成 4 组，每组 8 个单元，依次记作 R0，R1，R2，R3，R4，R5，R6，R7。

第 0 组工作寄存器起止地址为：00H～07H；第 1 组工作寄存器起止地址为：08H～0FH；第 2 组工作寄存器起止地址为：10H～17H；第 3 组工作寄存器起止地址为：18H～1FH。我们可以通过改变程序状态字寄存器（PSW）中 RS1、RS0 的值来选用不同的工作寄存器组。

2）位寻址区

位寻址区共有 16 个单元（20H～2FH），这个存储区域非常特殊。这 16 个储存单元中的每个存储单元可以存放 8 个二进制位，可以一次进行存取，这个过程称为字节操作。同时单元中的每一个位都有一个位地址，它们的位地址范围是 00H～7FH，这些单元的值也可以按位进行存取（位寻址）。比如：

（20H）= 85H = 10000101B   ;字节操作

（20H）的位地址为 00H～07H，则

（00H）= 1   ;位寻址

（01H）= 0   ;位寻址

……

位寻址区既能位寻址，又能直接寻址，如何判断它是位寻址还是直接寻址，需要在具体指令中分析。务必保持操作数的数据类型匹配。位寻址区的位地址在后续的位操作类指令中会广泛用到。

3）用户 RAM 区

用户 RAM 区共有 80 个单元（30H～7FH），用于存放用户数据或作为堆栈区使用。MCS-51 系列单片机对用户 RAM 区中每个 RAM 单元只能按字节存取，不能进行位操作。

4. 认识单片机的常用特殊功能寄存器

内部数据存储器高 128 B 是用来存放特殊功能寄存器（SFR）的，典型的 MCS-51 系列单片机共有 21 个特殊功能寄存器，离散地分布在 80H～FFH 地址空间内。就像我们在生活中常常需要处理各种数据和信息一样，内部数据存储器充当着单片机大脑的角色，用于存放程序和数据，完成各种数据的算术运算和逻辑运算。特殊功能寄存器作为内部数据存储器的一部分，更是承担着特殊的功能和重要的任务，它们记录着单片机运行状态的重要信息，如进位、溢出标志位等，对单片机的运行起着关键作用。MCS-51 系列单片机的常用特殊功能寄存器的介绍如下。

（1）累加器 ACC（accumulator），简称累加器 A，主要完成数据的算术运算和逻辑运算，也可以存放数据或中间结果，是最常用的特殊功能寄存器。

（2）寄存器 B 主要用于乘、除法运算，与累加器 A 配对使用。在乘法指令中，被乘数取自累加器 A，乘数取自寄存器 B，其运算结果低 8 位存放于累加器 A 中，高 8 位存放于寄存器 B 中，如 A = 20H，B = 30H，通过乘法指令 MUL AB 后，B = 06H，A = 00H；在除法指令中，被除数取自累加器 A，除数取自寄存器 B，结果商存放于累加器 A 中，余数存放于寄存器 B 中。此外，寄存器 B 也可作为一般的寄存器使用。

（3）程序状态字寄存器（PSW）是用来反映指令执行后的状态。比如指令运算之后是否有进位、借位、溢出等，PSW 的相应位就会被自动置 1 或清 0，单片机往往会根据 PSW 相应位的值来进行判断，比如比较两个数的大小，决定程序运行的后续走向，PSW 的位标志如表 1-2 所示。

表 1-2　PSW 的位标志

位序	PSW.7	PSW.6	PSW.5	PSW.4	PSW.3	PSW.2	PSW.1	PSW.0
位标志	Cy	AC	F0	RS1	RS0	OV	—	P

①Cy：进（借）位标志位，在加减法运算中，当最高位有进位或借位时，Cy = 1，反之，Cy = 0。

②AC：辅助进（借）位标志位，在加减法运算中，当低 4 位向高 4 位有进位或借位时，AC = 1，反之，AC = 0。例如：90H+78H 后，Cy = 1，AC = 0。

③F0：用户标志位，可由用户自定义其含义。

④RS1、RS0：工作寄存器组选择标志位。

⑤OV：溢出标志位，当运算结果溢出时，OV = 1，反之，OV = 0。

⑥P：奇偶标志位，当累加器 A 中"1"的个数为奇数时，P = 1，当累加器 A 中"1"的个数为偶数时，P = 0。例如：（A）= 99H = 10011001B，则 P = 0。

程序状态字寄存器 PSW 中 RS1、RS0 与工作寄存器组的关系如下：

当 RS1 RS0 = 00 时，选择第 0 组工作寄存器；

当 RS1 RS0 = 01 时，选择第 1 组工作寄存器；

当 RS1 RS0 = 10 时，选择第 2 组工作寄存器；

当 RS1 RS0 = 11 时，选择第 3 组工作寄存器。

（4）堆栈是在片内 RAM 低 128 B 中临时开辟的暂存区；堆栈指针 SP 是一个 8 位寄存器，复位后为 07H，用来指示堆栈顶部在内部数据存储器中的位置，一般设置 SP 在 30H~7FH，相关内容在后面章节学习。

（5）数据指针寄存器（DPTR）是 MCS-51 系列单片机中唯一一个可寻址的 16 位特殊功能寄存器，可作为两个 8 位寄存器使用，写作 DPH（高 8 位），DPL（低 8 位）。在系统扩展中，DPTR 一般作为片外数据存储器的地址指针，指示要访问的存储器单元地址。

5. 学习思考

单片机内部数据存储器是单片机存储器中的重要组成部分，它记录着单片机运行状态的关键信息。单片机内部数据存储器如同单片机的大脑，负责决策、判断和执行各种操作，确保单片机能够正确地完成各种任务。

任务三　认识程序存储器

【任务描述】

认识程序存储器，并了解它们在单片机中的作用和功能。

【学习目标】

1. 知识目标

（1）掌握程序存储器的构成。

（2）了解程序存储器在单片机中的作用和功能。

2. 技能目标

（1）通过教师的直观教学和具体讲解，学生能够将所学知识应用到实际项目中。

（2）培养学生归纳总结问题的能力，以及锻炼学生的逻辑思维和抽象思维能力。

【任务分析】

完成本任务需 2 个学时。程序存储器是单片机中储存程序的重要部分，它让单片机知道应该如何工作，如何响应我们的指令，以及完成各种任务。程序存储器中储存着无数指令，每个指令都是重要的环节，共同构成了单片机的智能世界。本任务制订了工作任务流程，如图 1-14 所示。

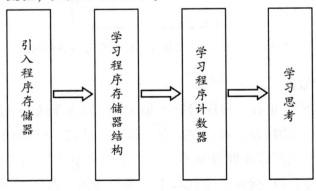

图 1-14　工作任务流程图

【任务实施】

1. 引入程序存储器

程序存储器的作用是存放程序、常数和表格。

在 MCS-51 系列单片机中，程序是由很多指令构成的，假设每条指令 2 字节，则内部大概可以存放 2 000 条指令。外部最多可扩展 64 KB 的程序存储器，内、外程序存储器采用统一编址的方法，共用 64 KB 的地址，地址范围为 0000H ~ FFFFH。

2. 学习程序存储器结构

如图 1-15，MCS -51 系列单片机内部具有 4 KB 的 ROM，地址范围为 0000H ~ 0FFFH。单片机是通过 $\overline{EA}$ 引脚来控制使用内部 ROM 和外部 ROM 的，当 $\overline{EA}=1$ 时，单片机读取内部程序存储器。当读取内部程序存储器时，单片机的 $\overline{PSEN}$ 端保持高电平。若超过 0FFFH 这个地址范围，自动读取外部程序存储器。当 $\overline{EA}=0$ 时，中央处理器（CPU）完全读取外部程序存储器。当读取外部程序存储器时，单片机的 $\overline{PSEN}$ 端变为低电平。

注意：由于 MCS -51 系列单片机内部具有 4 KB 的 ROM，所以我们一般使用其内部 ROM 存放程序，$\overline{EA}=1$，则该引脚通常接 5 V 电源。

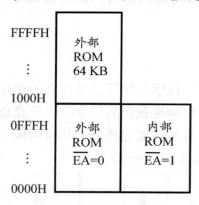

图 1-15 MCS-51 系列单片机的程序存储器结构图

3. 学习程序计数器

程序计数器（PC）也称为程序指针，是 MCS-51 系列单片机中唯——一个不可寻址的 16 位的非特殊功能寄存器，它具有自动加一功能，PC 的值为下一条要执行指令的地址。计算机之所以能够有条不紊地工作，离不开 PC 指针的有序变化。计算机执行完一条指令，PC 指针自动获取下一条指令的地址，指示计算机到该地址获取指令并执行。PC 寻址范围为 64 KB。在编写程序时要注意：在内部程序存储器中，0003H～0023H 范围的存储空间具有特殊意义，用来存放单片机 5 个中断服务程序入口地址。所以，主程序一定要存放在 0023H 之后的存储单元中，否则会引起中断的混乱。以下是 5 个中断服务程序入口地址。①0003H：外部中断 0 入口地址。②000BH：定时器 T0 溢出中断入口地址。③0013H：外部中断 1 入口地址。④001BH：定时器 T1 溢出中断入口地址。⑤0023H：串行口中断入口地址。具体的操作方法将在后面的中断系统的应用章节中进行讲解。

4. 学习思考

单片机的程序存储器承载着无尽的智能，它是单片机运行的灵魂。通过学习程序存储器，我们可以深入了解单片机工作的精妙机理，掌握编程的技巧，创造出更多实用的应用。

项目二　单片机开发工具

【项目描述】

本项目主要介绍单片机开发工具 Keil 软件和 Proteus 软件的使用方法。Proteus 软件可以满足电路仿真并实现与单片机联合仿真的需求，我们在学习单片机时，使用 Proteus 软件可以实现从构想到实际项目完成的全部过程。本项目旨在培养学生的实践动手能力和团队协作能力；培养学生的创新意识，提高解决问题和自主学习能力；增强学生的自信心；使学生能够运用相关软件进行编程调试。

任务一　Keil 软件的使用

【任务描述】

使用 Keil 软件进行编程。

【学习目标】

1. 知识目标

（1）掌握 Keil 软件的使用方法。

（2）熟练使用 Keil 软件进行编程。

2. 技能目标

（1）会使用 Keil 软件编写及修改简单的程序。

（2）能够熟练使用 Keil 软件进行编程。

【任务分析】

完成本任务需 2 个学时。熟悉 Keil 软件的各项操作，才能对所编写的程序进行调试修改。本任务制订了工作任务流程，如图 2-1 所示。

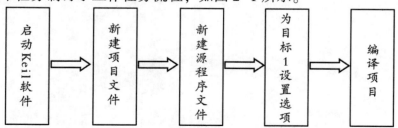

图 2-1　工作任务流程图

【任务实施】

1. 启动 Keil 软件

Keil 软件可以从相关网站下载并安装。安装好后，双击桌面快捷图标或在"开始"菜单中选择"Keil μVision3"，启动 Keil μVision3 集成开发环境，启动后界面如图 2-2 所示。

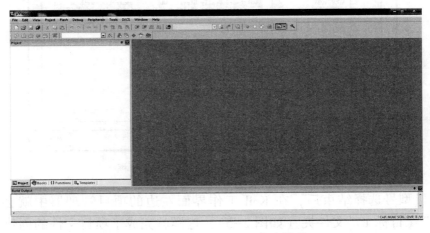

图 2-2　Keil μVision3 启动界面

2. 新建项目文件

单击菜单"Project"，选择"New Project"命令，弹出新建项目对话框，我们可以在这里选择保存路径（图 2-3）。每个项目单独使用一个文件夹，例如本项目保存在"第一章"文件夹，单击"保存"就可以完成新项目的创建，这里的系统扩展名默认是".uv2"。

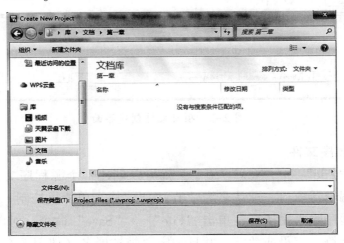

图 2-3　项目保存对话框界面

此时弹出选择单片机的型号对话框（如图 2-4），展开 Atmel 系列单片机，选择"AT89C51"，单击"确定"按钮完成芯片的选择。

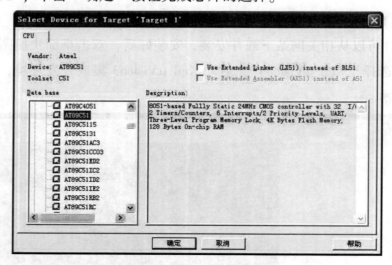

图 2-4　选择单片机的型号对话框

单片机型号选择结束后，在 Keil 工作界面左边的项目管理器中就会出现一个"Target 1"（目标 1）文件夹（如图 2-5），这样就完成了项目文件的创建。

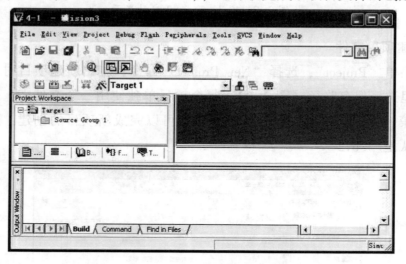

图 2-5　项目文件创建界面

3. 新建源程序文件

单击菜单"File"→"New"命令，就可以创建一个源程序文件，这个时候会打开一个空的编辑器窗口，默认名为"Text 1"，输入单片机控制一个发光二极管的闪烁源程序，程序输入完毕后，单击"File"→"Save"命令，对源程序进行保存。文件名可以是字符、字母或数字，并且一定要带扩展名（使用汇编语言编写的源程序扩展名为".asm"，使用单片机 C 语言编写的源程序扩展名为".c"）。

源程序文件创建好后，可以把这个文件添加到项目管理器中。单击项目管理器中"Target 1"文件夹旁边的"+"按钮，展开后在"Source Group 1"上单击右键，弹出快捷菜单，选择"Add Files to Group 'Source Group 1'"命令（图 2-6），弹出加载文件对话框，在该对话框中选择文件类型为"C Source file（∗.c）"。

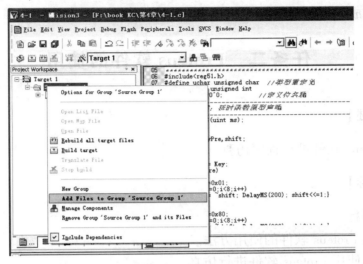

图 2-6　添加源程序文件到项目管理器界面

最后，找到源程序文件，单击"Add"按钮，源程序文件即被加入到项目管理器中，之后可以继续加载其他文件。单击"Close"按钮将对话框关闭。

4. 为目标 1 设置选项

在项目管理器中选中"Target 1"（目标 1），单击菜单"Project"→"Options for Target 'Target 1'"命令，弹出设置选项对话框（图 2-7），共有 11 个选项，其中"Target""Output"和"Debug"选项较为常用，默认打开"Target"选项。

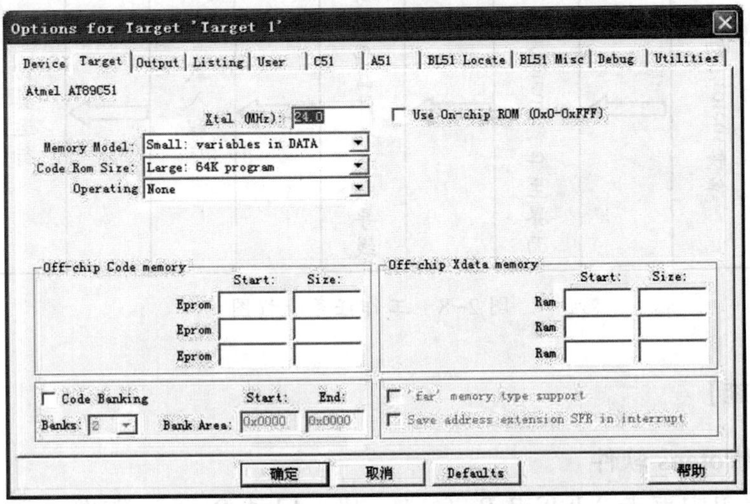

图 2-7　Target 1 设置选项界面

5. 编译项目

编译项目并创建后缀为".HEX"的目标文件。若要创建"＊.HEX"文件，必须在设置选项"Output"选项卡中选中"Create HEX file"复选框，单击"确定"按钮完成所需设置。设置完成后，执行菜单"Project"→"Rebuild all target files"命令即可，生成的"＊.HEX"文件可以下载到仿真器中。

任务二　Proteus 软件的使用

【任务描述】

使用 Proteus 软件进行程序仿真。

【学习目标】

1. 知识目标

（1）掌握 Proteus 软件的使用方法。

（2）熟练使用 Proteus 软件进行仿真。

2. 技能目标

（1）灵活运用 Proteus 软件的各项功能。

（2）能够对程序进行仿真调试以及修改。

【任务分析】

完成本任务需 2 个学时。本任务制订了工作任务流程，如图 2-8 所示。

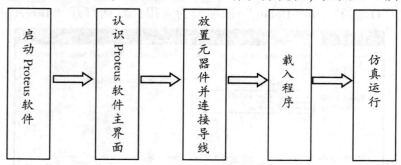

图 2-8　工作任务流程图

【任务实施】

1. 启动 Proteus 软件

在开始菜单中点击"ISIS 7 Professional"，启动 Proteus 软件，就会出现一个加载界面（图 2-9）。

图 2-9 Proteus 软件加载界面

2. 认识 Proteus 软件主界面

图 2-10 就是 Proteus 软件主界面。界面顶部是菜单栏、快捷工具栏；左边一列是绘制工具栏，小窗口是预览窗口，左上角的方形区域是元器件清单窗口；中间最大的网格区域是编辑区域，在这里绘制电路图。

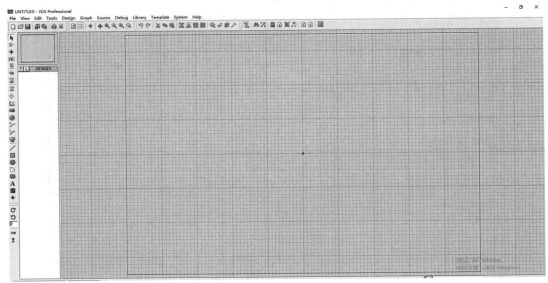

图 2-10 Proteus 软件主界面

3. 放置元器件并连接导线

在元器件清单窗口点击字母"P"，就可以进入元器件选择（图 2-11）。输入需要的元器件名称（如输入 80C51），完成元器件选择后，在编辑区域，左键单击一次，出现我们找到的单片机，再点击一次，元器件就放置完成了。

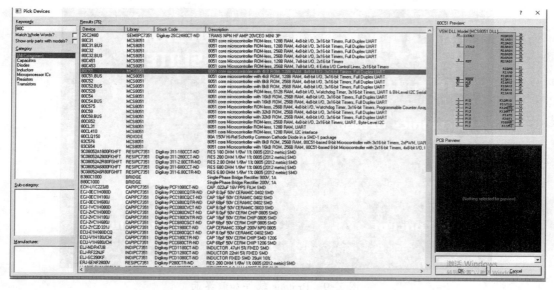

图 2-11　元器件选择界面

4. 载入程序

电路图绘制完成后，就需要载入程序了，双击单片机，进入编辑元器件对话框，点击"Program File"的打开文件图标（图 2-12），找到在 Keil 软件中生成的后缀为".HEX"的文件，将它载入单片机。

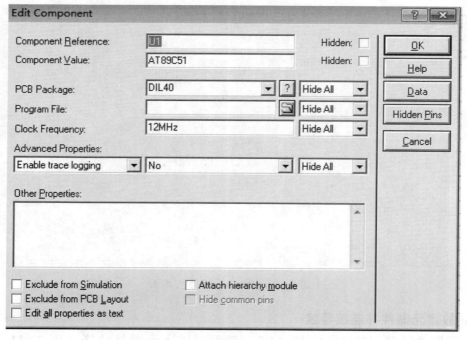

图 2-12　编辑元器件对话框

5. 仿真运行

载入 HEX 文件后，点击软件左下角的开始仿真按键（图 2-13），就可以看到仿真结果，通过程序控制 LED 闪烁，LED 的两端可以观察到电位高低变化（图 2-14）。

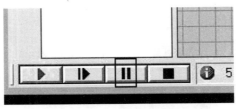

图 2-13　开始仿真按键

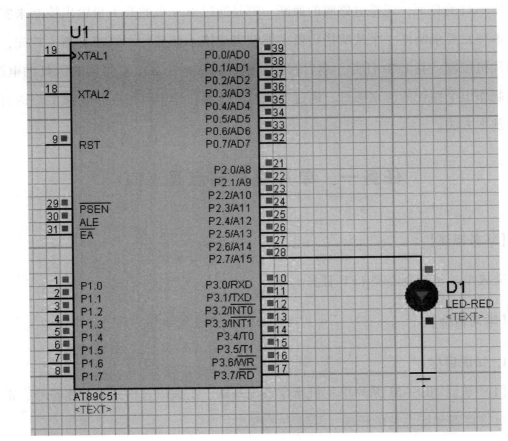

图 2-14　仿真电路图

项目三　认识单片机编程语言

【项目描述】

在单片机控制系统中，开关量的控制占据着重要的比重。无论是电动机的启停，指示灯的亮灭，还是电磁阀的通断，都是通过单片机的开关量输出控制来实现的。本项目要求制作一个按照指定要求能够完成流水任务的彩灯控制器。首先，完成单片机控制点亮 LED 任务，然后在此基础上制作一个 8 个彩灯同时闪烁的电路，最后制作出个性化的流水彩灯。通过本项目的学习，学生可以初步掌握汇编语言编程的基本方法。

任务一　单片机控制点亮 LED

【任务描述】

完成单片机控制点亮 LED 任务。

【学习目标】

1. 知识目标

（1）掌握 MCS-51 系列单片机指令系统基础、汇编语言格式和常用符号、汇编语言对寄存器和标志位的影响、寻址方式等。

（2）掌握数据传送指令。

2. 技能目标

（1）能够熟练掌握和使用指令编程。

（2）能够熟练使用 Keil 软件进行编程。

（3）能够熟练掌握 Proteus 软件仿真。

【任务分析】

在本任务中，使用单片机来控制 LED 的闪烁，需要了解单片机编程设计方法。本任务制订了工作任务流程，如图 3-1 所示。

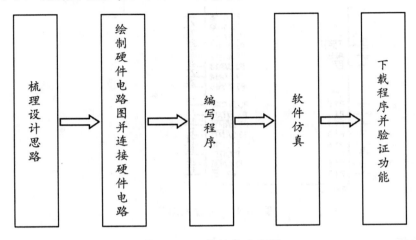

图 3-1　工作任务流程图

【任务实施】

1. 梳理设计思路

点亮一个 LED 必须完成以下 3 个任务：

（1）提供系统所需的电源和 CPU 工作所需的时钟振荡信号，即构建一个最小系统。

（2）将单片机与 LED 相连接，构建工作电路。

（3）编写程序代码，即通过数据传送指令将我们的要求"写"给单片机，从而实现点亮或熄灭 LED。

2. 绘制硬件电路图并连接硬件电路

绘制好硬件电路图后进行硬件电路连接。硬件电路需要连接单片机最小系统，即连接电源电路、复位电路、时钟电路。

将单片机与 LED 连接，并接通电源。如图 3-2 所示，将 LED 接在单片机 P0.0，另一端接高电平。

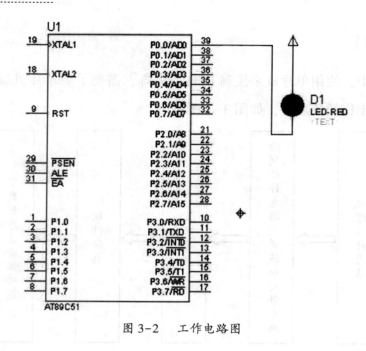

图 3-2 工作电路图

3. 编写程序

编写程序需要根据硬件电路的连接情况进行。根据电路分析，LED 一端接电源，另一端接单片机 P0.0。当单片机 P0.0 输出低电平（0）时 LED 点亮，指令为 MOV P0，#0FEH；当单片机 P0.0 输出高电平（1）时 LED 熄灭，指令为 MOV P0，#0FFH。

点亮 P0.0 连接的 LED 程序为：

```
ORG   0000H                  ;开始
MOV   P0,#0FEH               ;最后一位低电平点亮 LED
END                          ;结束
```

4. 软件仿真

使用 Keil 软件进行编译，Proteus 软件仿真并调试程序。本任务的两款软件方法不再具体介绍，请参照项目二。由学生自己动手进行软件仿真并调试程序。

5. 下载程序并验证功能

将单片机插到电路板的 DIP40 IC 插座上，将 HEX 文件下载到单片机芯片中，在电源和接地端加上 +5 V 直流稳压电源，观察单片机控制 LED 的实际效果。

知识链接

一、指令格式与符号意义

（一）指令格式

指令是 CPU 控制计算机进行某种操作的命令。指令系统则是全部指令的集合。

汇编语言指令不能被计算机硬件直接识别和执行,必须通过某种手段(汇编)把它变成机器语言的目标代码指令才能被机器执行。由于汇编语言指令和机器语言指令一一对应,因此编写的程序效率高,占用存储空间小,运行速度快。

汇编语言的语句格式表示如下:

[<标号>]:<操作码> [<操作数>];[<注释>]

其中,[ ]中的项表示为可选项。

标号是语句地址的标志符号,有关标号的规定如下。①标号由 1~8 个 ASCII 字符组成,但第一个字符必须是字母,其余字符可以是字母、数字或其他特定字符。②不能使用本汇编语言已经定义了的符号作为标号,如指令助记符、伪指令记忆符以及寄存器的符号名称等。③同一标号在一个程序中只能被定义一次,不能被重复定义。④标号的有无取决于本程序中的其他语句是否需要访问这条语句。

操作码用于规定语句执行的操作内容,它是以指令助记符或伪指令助记符表示的,是汇编指令格式中唯一不能空缺的部分。

操作数用于给指令的操作提供数据或地址。

注释不属于语句的功能部分,它只是对语句的解释说明。

分界符用于把语句格式中的各部分隔开,以便于区分,包括空格、冒号、分号或逗号等多种符号。①冒号(:)用于标号之后。②空格( )用于操作码和操作数之间。③逗号(,)用于操作数之间。④分号(;)用于注释之前。

在 MCS-51 指令系统中,有一字节、二字节和三字节等不同长度的指令。

(二)MCS-51 系列单片机的寻址方式

寻址方式就是寻找或获得操作数的方式。寻址方式的一个重要问题是如何指定操作数或其所在单元。根据指定方法的不同,MCS-51 系列单片机共有 7 种寻址方式。

1. 寄存器寻址方式

定义:操作数在寄存器中。

寻址范围:通用寄存器,有 4 组共 32 个通用寄存器。部分特殊功能寄存器,例如累加器 A、寄存器 B 以及数据指针寄存器 DPTR 等。

2. 直接寻址方式

定义:指令中操作数直接以存储单元地址的形式给出。

寻址范围:内部 RAM 低 128 B 单元,在指令中直接以存储单元地址形式给出。特殊功能寄存器,除以存储单元地址形式给出外,还能够以特殊功能寄存器符号形式给出。

3. 寄存器间接寻址方式

定义:寄存器中存放的是操作数的地址,即操作数是通过寄存器间接得到的。

寻址范围:内部 RAM 低 128 B 单元,只能使用 R0 或 R1 作间址寄存器(地址指针），其通用形式为@ Ri （i=0 或 1）。外部 RAM 64 KB 单元，其形式为@ DPTR、@ R0、@ R1。堆栈操作指令（PUSH 和 POP）即以堆栈指针（SP）作间址寄存器的间接寻址方式。

4. 立即寻址方式

定义：操作数在指令中直接给出。

寻址范围：程序存储器。

5. 变址寻址方式

定义：以 DPTR 或 PC 作基址寄存器，以累加器 A 作变址寄存器，并以两者内容相加形成的 16 位地址作为操作数地址。

寻址范围：变址寻址方式只能对程序存储器进行寻址，寻址范围可达 64 KB。变址寻址的指令只有 3 条：

MOVC   A,@ A+DPTR；

MOVC   A,@ A+PC；

JMP   @ A+DPTR。

6. 位寻址方式

定义：对片内 RAM 的位寻址区和可以位寻址的特殊功能寄存器进行位操作时的寻址方式。

寻址范围：内部 RAM 中的位寻址区，单元地址为 20H~2FH，共 16 个单元 128 位；位地址是 00H~7FH。其有 2 种表示方法：一种是位地址，另一种是单元地址加位。

特殊功能寄存器的可寻址位有 4 种表示方法：①直接使用位地址，例如 PSW 寄存器的位 5，地址为 0D5H。②位名称表示方法，例如 PSW 寄存器的位 5 是 F0 标志位，则可使用 F0 表示该位。③单元地址加位数的表示方法，例如 PSW 寄存器的位 5，表示为 0DOH.5。④特殊功能寄存器符号加位数的表示方法，例如 PSW 寄存器的位 5，表示为 PSW.5。

7. 相对寻址方式

定义：以程序计数器 PC 的当前值作为基地址，与指令中的第二字节给出的相对偏移量 rel 进行相加，所得和为程序的转移地址。相对寻址方式为解决程序转移而专门设置的，为转移指令所采用。

目的地址=程序计数器 PC 的当前值+rel

寻址范围：程序存储器。

（三）指令格式中符号意义说明

（1）Rn：当前寄存器组的 8 个通用寄存器 R0~R7，所以 n=0~7。

（2）Ri：可用作间接寻址的寄存器，只能是 R0、R1 两个寄存器，所以 i=0 或 1。

（3）direct：8 位直接地址，在指令中表示直接寻址方式，寻址范围 256 个单元。其值包括 0~127（内部 RAM 低 128 B 单元地址）和 128~255（特殊功能寄存器的单元地址或符号）。

（4）#data：8 位立即数。

（5）#data16：16 位立即数。

（6）addr16：16 位目的地址，只限于在 LCALL 和 LJMP 指令中使用。

（7）addr11：11 位目的地址，只限于在 ACALL 和 AJMP 指令中使用。

（8）rel：相对偏移量，为 8 位带符号补码数。

（9）bit：内部 RAM（包括特殊功能寄存器）中的直接寻址位。

（10）A：累加器 ACC。

（11）B：寄存器 B。

（12）C：进位标志位 Cy，是布尔处理机的累加器，也称之为位累加器。

（13）@：间址寄存器的前级标志。

（14）/：加在位地址的前面，表示对该位状态取反。

（15）（X）：由 X 所指定的某寄存器或某单元的内容。

（16）（（X））：由 X 间接寻址的单元中的内容。

（17）←：箭头左边的内容被箭头右边的内容所取代。

三、内部数据传送指令

MCS-51 系列单片机指令系统共有指令 111 条，分为 5 大类：数据传送类指令（29 条）、算术运算类指令（24 条）、逻辑运算及移位类指令（24 条）、控制转移类指令（17 条）、位操作类指令（17 条）。其中数据传送类指令有从右向左传送数据的约定，即指令的右边操作数为源操作数，表达的是数据的来源；左边操作数为目的操作数，表达的则是数据的去向。数据传送类指令的特点为把源操作数传送到目的操作数，指令执行后，源操作数不改变，目的操作数修改为源操作数。

（一）内部 RAM 数据传送指令

通用格式：MOV<目的操作数>,<源操作数>

1. 以累加器为目的操作数的指令

MOV A,Rn	;A←Rn,（n=0~7）
MOV A,direct	;A←（direct）
MOV A,@ Ri	;A←（（Ri））（i=0、1）
MOV A,#data	;A←data

2. 以寄存器 Rn 为目的操作数的指令

MOV Rn,A   ;Rn←(A),(n=0~7)

MOV Rn,direct   ;Rn←(direct),(n=0~7)

MOV Rn,#data   ;Rn←data,(n=0~7)

3. 以直接地址为目的操作数的指令

MOV direct,A   ;direct←(A)

MOV direct,Rn   ;direct←(Rn),(n=0~7)

MOV direct1,direct2   ;direct1←(direct2)

MOV direct,@ Ri   ;direct←((Ri)),(i=0、1)

MOV direct,#data   ;direct←data

4. 以间接地址为目的操作数的指令

MOV @ Ri,A   ;(Ri)←(A)

MOV @ Ri,direct   ;(Ri)←(direct)

MOV @ Ri,#data   ;(Ri)←data

5. 十六位数的传送指令

MOV DPTR,#data16

功能：将一个 16 位的立即数送入 DPTR 中去。其中高 8 位送入 DPH，低 8 位送入 DPL。

（二）堆栈操作指令

入栈   PUSH   direct   ;(SP)←(SP)+1

                            ;(SP)←(direct)

出栈   POP   direct   ;direct←((SP))

                            ;(SP)←(SP)−1

堆栈操作的特点是"先进后出"，在使用时应注意指令顺序。

【例 3-1】   分析以下程序的运行结果，指令如下：

MOV R2,#05H

MOV A,#01H

PUSH ACC

PUSH 02H

POP ACC

POP 02H

结果是（R2）= 01H，而（A）= 05H，也就是两者进行了数据交换。因此使用堆栈时，入栈的顺序和出栈的顺序必须相反，才能保证数据被送回原位，即恢复现场。

（三）数据交换指令

1. 字节交换指令

XCH A,Rn	;$(A) \longleftrightarrow (Rn)$
XCH A,@Ri	;$(A) \longleftrightarrow ((Ri))$
XCH A,direct	;$(A) \longleftrightarrow (direct)$

2. 累加器 A 与间址寄存器低 4 位半字节交换指令

XCHD A,@Ri   ;$(A)_{0\sim3} \longleftrightarrow ((Ri))_{0\sim3}$

3. 累加器 A 高低半字节交换指令

SWAP A   ;$(A)_{0\sim3} \longleftrightarrow (A)_{4\sim7}$

数据交换主要是在内部 RAM 单元与累加器 A 之间进行。

【例 3-2】 将片内 RAM 60H 单元与 61H 单元的数据交换，指令如下：

```
MOV  A,60H
XCH  A,61H
MOV  60H,A
```

（四）外部 RAM 数据传送指令

MOVX A,@Ri	;$A \leftarrow ((Ri))$
MOVX @Ri,A	;$(Ri) \leftarrow (A)$
MOVX A,@DPTR	;$A \leftarrow ((DPTR))$
MOVX @DPTR,A	;$(DPTR) \leftarrow (A)$

【例 3-3】 将外部 RAM 中 0010H 单元中的内容送入外部 RAM 中 2000H 单元中。指令如下：

```
MOV   R0,#10H
MOVX  A,@R0
MOV   DPTR,#2000H
MOVX  @DPTR,A
```

（五）程序存储器数据传送指令

MOVC A,@A+DPTR	;$A \leftarrow ((A)+(DPTR))$（远程查表指令）
MOVC A,@A+PC	;$A \leftarrow ((A)+(PC))$（近程查表指令）

以上两条指令寻址范围为 64 KB，指令首先执行 16 位无符号数的加法操作，获得基址与变址之和，和作为程序存储器的地址，该地址中的内容被送入 A 中。第二条指令与第一条指令相比，由于 PC 的内容不能通过数据传送指令改变且随指令在程序中的位置变化而变化，在使用时须对变址寄存器 A 进行修正。以上两条 MOVC 是 64 KB 存储空间内的查表指令，实现程序存储器到累加器的常数传送，每次传送 1 B。

【例 3-4】 在片内 30H 单元有一个 BCD 数，用查表法获得相应的 ASCII 码，并将其送入 31H 单元。其子程序为［设当（30H）= 07H 时］：

		ORG 2000H	
2000H	BCD_2:	MOV A,30H	;(A)= 07H
2002H		ADD A,#3	;累加器(A)=(A)+3,修正偏移量
2004H		MOVC A,@A+PC	;PC 当前值 2005H
2005H		MOV 31H,A	;(A)+(PC)= 0AH+2005H = 200FH
2007H		RET	;(A)= 37H,A←ROM(200FH)
2008H	TAB:DB 30H		
2009H		DB 31H	
200AH		DB 32H	
200BH		DB 33H	
200CH		DB 34H	
200DH		DB 35H	
200EH		DB 36H	
200FH		DB 37H	
2010H		DB 38H	
2011H		DB 39H	

或

```
          ORG  2000H
BCD_2：    MOV A,30H
          MOV DPTR,#TAB          ;TAB 首址送 DPTR
          MOVC A,@A+DPTR         ;查表
          MOV 31H,A
          RET
TAB:同上
```

任务二　8 个彩灯闪烁控制

【任务描述】

8 个彩灯依次循环点亮形成流水，使用单片机控制流水的方向与速度，完成单向流水任务。

【学习目标】

1. 知识目标

（1）学会汇编语言的编程方法。

（2）掌握循环程序的编写方法。

2. 技能目标

（1）会编写及修改简单的程序。

（2）能够熟练使用 Keil 软件进行编程。

（3）能够熟练掌握 Proteus 软件仿真。

【任务分析】

本任务的硬件电路与项目三的任务一相同，不同点是软件功能发生了变化。单片机最大的特点是可以"以软代硬"，用千变万化的程序代替传统而复杂的硬件电路，完成各种复杂的功能。本任务制订了工作任务流程，如图 3-3 所示。

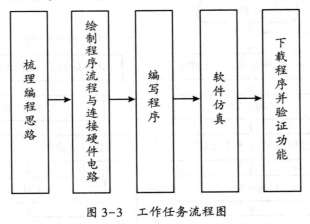

图 3-3 工作任务流程图

【任务实施】

本任务描述的功能可以采用多种方法实现，为了开拓编程思路，本任务介绍了两种方法：直接赋值和逻辑运算。

一、直接赋值

1. 梳理编程思路

本任务的硬件电路与任务一中单片机控制点亮 LED 的电路原理图相同，但本任务 P2 口接 8 个 LED，LED 的另一端接电源。当 P2 口的某一端口输出为低电平时，对应的 LED 将会被点亮。因此最简单的一种流水效果的实现方法如图 3-4 所示，即从 P2 口依次输出一个 8 位二进制数，该数中只有一位为低电平，其余各位均为高电平。每输出一个 8 位二进制数，延时一段时间，控制流水显示的速度，然后继续输出下一个数，循环往复，就可以出现流水显示的效果。

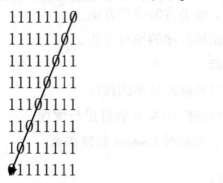

图 3-4 流水彩灯显示示意图

2. 绘制程序流程与连接硬件电路

直接赋值，用顺序结构实现单向流水彩灯控制程序流程如图 3-5 所示。

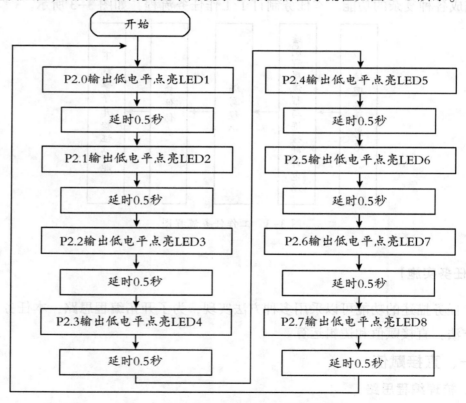

图 3-5 实现单向流水彩灯控制程序流程图

常用程序流程图符号如图 3-6 所示。

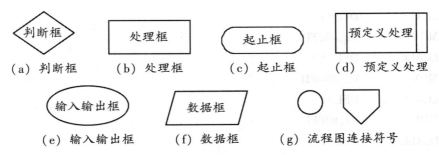

（a）判断框　　（b）处理框　　（c）起止框　　（d）预定义处理

（e）输入输出框　　（f）数据框　　（g）流程图连接符号

图 3-6　常用程序流程图符号

　　硬件电路需要连接单片机最小系统，即连接电源电路、复位电路、时钟电路。将单片机与 LED 连接，并接通电源。如图 3-7 所示，将 LED 接在单片机 P2.0~P2.7，另一端接高电平。

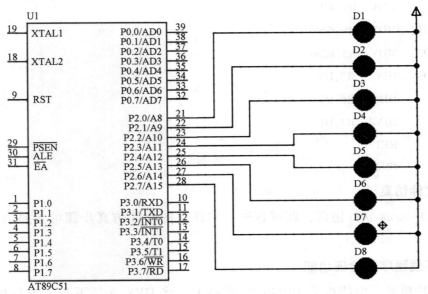

图 3-7　工作电路图

3. 编写程序

采用顺序程序结构实现从上向下流水的效果，指令如下：

```
ORG 0000H
LOOP:
    MOV      P2,#0FEH
    LCALL    DELAY
    MOV      P2,#0FDH
    LCALL    DELAY
    MOV      P2,#0FBH
    LCALL    DELAY
    MOV      P2,#0F7H
```

```
        LCALL       DELAY
        MOV         P2,#0EFH
        LCALL       DELAY
        MOV         P2,#0DFH
        LCALL       DELAY
        MOV         P2,#0BFH
        LCALL       DELAY
        MOV         P2,#7FH
        LCALL       DELAY
        SJMP        LOOP
DELAY：
        MOV    R7,#10
D1：    MOV    R6,#200
D2：    MOV    R5,#250
D3：    DJNZ   R5,D3
        DJNZ   R6,D2
        DJNZ   R7,D1
        RET
        END
```

4. 软件仿真

使用 Proteus 软件仿真，调试程序。本任务的软件仿真步骤可参照项目二的任务二。

5. 下载程序并验证功能

将单片机插到电路板的 DIP40 IC 插座上，将 HEX 文件下载到单片机芯片中，在电源和地端加上+5 V 直流稳压电源，观察实际效果。

二、逻辑运算

1. 梳理编程思路

具体操作流程如下：

（1）P2 口输出一个 8 位二进制数 "11111110"，将 LED1 点亮，延时一段时间。

（2）使用逻辑运算中的左移命令左移一位，如图 3-8 所示。

1111	1110	左移前
1111	1101	左移后

图 3-8 位操作 "左移" 示意图

（3）延时结束后，判断 P2 口数据是否为"01111111"（即最高位是否为低电平），如果 P2 口数据不等于"01111111"，则循环执行第（2）步；如果 P2 口数据为"01111111"，说明已经完成了 7 次移位操作。

（4）循环执行上述操作。

2. 绘制程序流程

用逻辑运算指令和控制转移指令实现单向流水彩灯程序流程如图 3-9 所示。

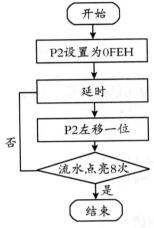

图 3-9　实现单向流水彩灯程序流程图

3. 编写程序

使用逻辑运算指令实现流水效果，指令如下：

```
ORG 0000H
    MOV   A,#0FEH
LOOP：
    MOV   P2,A
    RL    A
    LCALL  DELAY
    SJMP  LOOP
DELAY：
        MOV   R7,#10
    D1：  MOV   R6,#200
    D2：  MOV   R5,#250
    D3：  DJNZ  R5,D3
        DJNZ  R6,D2
        DJNZ  R7,D1
        RET
        END
```

4. 软件仿真

使用 Proteus 软件仿真，调试程序。具体操作请参照项目二。

5. 下载程序并验证功能

将单片机插到电路板的 DIP40 IC 插座上，将 HEX 文件下载到单片机芯片中，在电源和接地端加上+5 V 直流稳压电源，观察流水彩灯点亮的情况。

> **知识链接**

一、控制转移指令

（一）无条件转移指令

不规定条件的程序转移称为无条件转移。MCS-51 系列单片机共有 4 条无条件转移指令。

1. 长转移指令

LJMP addr16 $;PC \leftarrow (PC)+2$

$;PC \leftarrow addr16$

转移范围 64 KB。

【例 3-5】长转移指令示例如下。

1000H：LJMP　2000H　　;其数据转移到 2000H 位置执行程序

2. 绝对转移指令

AJMP addr11 $;PC \leftarrow (PC)+2$

$;PC_{10\sim0}, PC_{15\sim11}$不变

转移范围 2 KB。

【例 3-6】绝对转移指令示例如下。

1000H：AJMP　0234H　　;转移目的地为 1234H

3. 短转移指令

SJMP rel $;PC \leftarrow (PC)+2+rel$

rel 为相对偏移量。

计算目的地址，并按计算得到的目的地址实现程序的相对转移。计算公式为

目的地址 =（PC）+字节+rel

【例 3-7】短转移指令示例如下。

1000H：SJMP　20H　　;其转移到 1022H 执行

4. 间接长转移指令

JMP　@A+DPTR $;PC \leftarrow (A)+(DPTR)$

该指令也称散转指令，指令以 DPTR 内容为基址，而以 A 的内容作变址，转移的目的地址由 A 的内容和 DPTR 内容之和来确定，即目的地址 =（A）+（DPTR）。

【例 3-8】 JMP 指令如下。

```
        ORG 1000H
        MOV DPTR,#TAB        ;将 TAB 所代表的地址送入数据指针 DPTR
        MOV A,R1             ;从 R1 中取数
        MOV B,#2
        MUL AB               ;A 乘以 2,AJMP 语句占 2 个字节,且是连续存放的
        JMP  @ A+DPTR        ;跳转
        TAB： AJMP S0         ;跳转表格
              AJMP S1
              AJMP S2
        S0：   S0 子程序段
        S1：   S1 子程序段
        S2：   S2 子程序段
        END
```

（二）条件转移指令

条件转移就是程序转移是有条件的。执行条件转移指令时，如指令中规定的条件满足，则进行程序转移，否则程序顺序执行。条件转移有如下指令。

1. 累加器判零转移指令

```
        JZ rel               ;若(A)= 0,则 PC←(PC)+2+rel （转移）
                             ;若(A)≠0,则 PC←(PC)+2 （顺序执行）
        JNZ rel              ;若(A)≠0,则 PC←(PC)+2+rel （转移）
                             ;若(A)= 0,则 PC←(PC)+2 （顺序执行）
```

【例 3-9】　将外部 RAM 的一个数据块（首址为 DATA1）传送到内部 RAM（首址为 DATA2），遇到传送的数据为零时停止，指令如下。

```
        START：  MOV R0,#DATA2      ;置内部 RAM 数据指针
                 MOV DPTR,#DATA1    ;置外部 RAM 数据指针
        LOOP1：  MOVX A,@ DPTR      ;外部 RAM 单元内容送 A
                 JZ LOOP2           ;判传送数据是否为零,A 为零则转移
                 MOV  @ R0,A        ;传送数据不为零,送内部 RAM
                 INC R0             ;修改地址指针
                 INC DPTR
                 SJMP LOOP1         ;继续传送
        LOOP2：  RET                ;结束传送,返回主程序
```

2. 数值比较转移指令

数值比较转移指令把两个操作数进行比较，比较结果作为条件来控制程序转移。共有 4 条指令如下：

```
CJNE    A, # data, rel
CJNE    A, direct, rel
CJNE    Rn, # data, rel
CJNE    @ Ri, # data, rel
```

指令的转移可按以下 3 种情况说明：

（1）若左操作数=右操作数，则程序顺序执行 PC← （PC）+3，进位标志位清"0"，即 Cy=0。

（2）若左操作数>右操作数，则程序转移 PC← （PC）+3+rel，进位标志位清"0"，即 Cy=0。

（3）若左操作数<右操作数，则程序转移 PC← （PC）+3+rel，进位标志位为"1"，即 Cy=1。

3. 减 1 条件转移指令

减 1 条件转移指令是把减 1 与条件转移两种功能结合在一起的指令，共 2 条。

（1）寄存器减 1 条件转移指令

DJNZ   Rn,rel

该指令的功能为寄存器内容减 1，如所得结果为 0，则程序顺序执行；如没有减到 0，则程序转移。具体表示如下：

```
DJNZ    Rn,rel          ;Rn←(Rn)-1
                        ;若(Rn)≠0,则 PC←(PC)+2+rel
                        ;若(Rn)=0,则 PC←(PC)+2
```

（2）直接寻址单元减 1 条件转移指令

DJNZ   direct,rel

该指令的功能为直接寻址单元内容减 1，如所得结果为 0，则程序顺序执行；如没有减到 0，则程序转移。具体表示如下：

```
DJNZ    direct,rel      ;direct←(direct)-1
                        ;若(direct)≠0,则 PC←(PC)+3+rel
                        ;若(direct)=0,则 PC←(PC)+3
```

这 2 条指令主要用于控制程序循环，如预先把寄存器或内部 RAM 单元赋值循环次数，则利用减 1 条件转移指令，以减 1 后是否为 0 作为转移条件，即可实现按次数控制循环。

（三）子程序调用与返回指令

子程序调用与返回指令为子程序结构，即把重复的程序段编写为一个子程序，通过主程序调用而使用该指令。该指令减少了编程工作量，缩短了程序的长度。

调用指令在主程序中使用，而返回指令则应该是子程序的最后一条指令。当子程序执行完毕后，程序返回主程序断点处继续执行，如图 3-10 所示。

图 3-10　主程序调用子程序示意图

1. 绝对调用指令

子程序调用范围是 2 KB，其构造目的地址是在（PC）+2 的基础上，以指令提供的 11 位地址取代 PC 的低 11 位，而 PC 的高 5 位不变。指令如下：

$$
\begin{aligned}
&\text{ACALL addr11} && ;PC \leftarrow (PC)+2 \\
&&& ;SP \leftarrow (SP)+1, SP \leftarrow PC_{7 \sim 0} \\
&&& ;SP \leftarrow (SP)+1, SP \leftarrow PC_{15 \sim 8} \\
&&& ;PC_{10 \sim 0} \leftarrow addr11
\end{aligned}
$$

2. 长调用指令

LCALL　　addr16

调用地址在指令中直接给出，子程序调用范围是 64 KB。

3. 返回指令

（1）子程序返回指令为 RET。

（2）中断服务子程序返回指令为 RETI。

子程序返回指令执行子程序返回功能，从堆栈中自动取出断点地址送给程序计数器 PC，使程序在主程序断点处继续向下执行。

（四）空操作指令

空操作指令的形式如下：

NOP　　　　　　　;PC←（PC）+1

空操作指令也算一条控制指令，即控制 CPU 不做任何操作，只消耗一个机器周期的时间。空操作指令是单字节指令，因此执行后 PC 加 1，时间延续一个机器周期。NOP 指令常用于程序的等待或时间的延迟。

源程序中有如下代码：

DJNZ　R7,LOOP

CJNE　A,#7FH,LOOP

在该段代码中，先判断 P1 = 0x7f 这个条件是否成立，如果成立，那么条件为真，则执行程序段延时，P1 = 0xfe，实现延时并给 P1 重新赋值。

【调试经验】

程序后面的 END 不能省略。

二、逻辑运算指令

单片机的 I/O 端口可以通过使用逻辑运算指令来控制外部设备完成相应的动作，如电机转动、指示灯的亮灭、蜂鸣器的鸣响、继电器的通断等。逻辑运算指令如表 3-1 所示。

表 3-1 逻辑运算指令

位运算符	含义	位运算符	含义
∧	与	⊕	异或
∨	或	—	非

（一）"与"运算"∧"

"∧"的功能是对两个二进制数按位进行"与"运算。根据"与"运算规则"有 0 出 0，全 1 出 1"，如图 3-11 所示。

	X	0001	1001
∧	Y	0100	1101
		0000	1001

图 3-11 "与"运算

逻辑"与"运算指令如下：

```
ANL A,Rn              ;A←(A)∧(Rn)
ANL A,direct          ;A←(A)∧(direct)
ANL A,@Ri             ;A←(A)∧((Ri))
ANL A,#data           ;A←(A)∧data
ANL direct,A          ;direct←(direct)∧(A)
ANL direct,#data      ;direct←(direct)∧data
```

（二）"或"运算"∨"

"∨"的功能是对两个二进制数按位进行"或"运算。根据"或"运算规则"有 1 出 1，全 0 出 0"，如图 3-12 所示。

	X	0001	1001
∨	Y	0100	1101
		0101	1101

图 3-12 "或"运算

逻辑"或"运算指令如下：

```
ORL A,Rn              ;A←(A)∨(Rn)
```

ORL A,direct	;A←(A)∨(direct)
ORL A,@ Ri	;A←(A)∨((Ri))
ORL A,#data	;A←(A)∨data
ORL direct,A	;direct←(direct)∨(A)
ORL direct,#data	;direct←(direct)∨data

（三）"异或"运算"⊕"

"⊕"的功能是对两个二进制数按位进行"异或"运算。根据"异或"运算规则"相同为0，相异为1"，如图3-13所示。

	X	0001	1001
⊕	Y	0100	1101
		0101	0100

图3-13　"异或"运算

逻辑"异或"运算指令如下：

XRL A,Rn	;A←(A)⊕(Rn)
XRL A,direct	;A←(A)⊕(direct)
XL A,@ Ri	;A←(A)⊕((Ri))
XRL A,#data	;A←(A)⊕data
XRL direct,A	;direct←(direct)⊕(A)
XRL direct,#data	;direct←(direct)⊕data

【例3-10】　试分析下列程序执行结果，指令如下：

MOV A,#0FFH	;(A)=0FFH
ANL P1,#00H	;SFR 中 P1 口清零
ORL P1,#55H	;P1 口内容为 55H
XRL P1,A	;P1 口内容为 0AAH

（四）"非"运算"—"

"—"的功能是对二进制数按位进行"非"运算。根据"非"运算规则"有0出1，有1出0"，如图3-14所示。

—	X	0100	1101
		1011	0010

图3-14　"非"运算

（五）累加器清"0"和取反指令

累加器清"0"指令1条，指令形式如下：

| CLR A | ;A←0 |

累加器按位取反指令1条，指令形式如下：

| CPL A | ;A←($\overline{A}$) |

逻辑运算是按位进行的，累加器的按位取反实际上是逻辑"非"运算。

当需要只改变字节数据的某几位，而其余位不变时，不能使用直接传送方法，只能通过逻辑运算完成。

【例3-11】 将累加器 A 的低 4 位传送到 P1 口的低 4 位，但 P1 口的高 4 位须保持不变。对此可由以下程序段实现：

```
MOV R0,A              ;A 内容暂存 R0
ANL A,#0FH            ;屏蔽 A 的高 4 位(低 4 位不变)
ANL P1,#0F0H          ;屏蔽 P1 口的低 4 位(高 4 位不变)
ORL P1,A              ;实现低 4 位传送
MOV A,R0              ;恢复 A 的内容
```

（六）移位指令

（1）累加器内容循环左移（RL）。

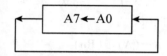

（2）累加器带进位标志循环左移（RLC）。

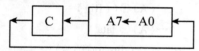

（3）累加器内容循环右移（RR）。

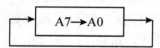

（4）累加器带进位标志循环右移（RRC）。

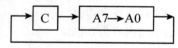

【调试经验】

使用 Keil 软件编写程序时，注意标点符号一定要是英文输入法输入（半角）。

【任务拓展】

根据下列要求，绘制程序流程图，用 Keil 软件编写程序，并用 Proteus 软件进行仿真调试。

（1）改变流水灯的方向（从下向上）。

（2）改变流水灯的速度，要求彩灯依次闪亮，每 100 ms 变化 1 次。

（3）设计变速流水灯，一开始慢，然后逐渐加快（500 ms，400 ms，300 ms，200 ms，100 ms）。

项目四　I/O口的应用

【项目描述】

本项目要完成一位共阴极数码管显示按键次数的软硬件设计。该项目通过硬件电路设计、软件代码编写及验证仿真的方式最终实现输入输出的控制。通过本项目的学习，学生可以初步掌握I/O口与外围电路之间的控制关系。

任务一　点亮一位共阴极数码管

【任务描述】

利用MCS-51系列单片机控制一位共阴极数码管显示未知数字。

【学习目标】

1. 知识目标

（1）了解数码管的工作原理。

（2）掌握查表程序设计方法。

2. 技能目标

（1）能够设计硬件电路。

（2）能够根据硬件电路进行程序设计。

（3）熟练使用Keil软件进行程序的编译。

（4）熟练使用Proteus仿真软件进行仿真验证。

【任务分析】

本任务制订了工作任务流程如图4-1所示。

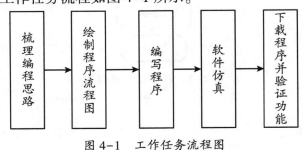

图4-1　工作任务流程图

【任务实施】

1. 梳理编程思路

本任务是用查表法实现一位共阴极数码管显示未知数字，首先建立共阴极数码管 0~9 的字型码表格（如图 4-2 所示），再应用查表指令找到要显示的数字在表格的地址，将地址中的字型码送至 P2 口，从而控制数码管显示相应数字。

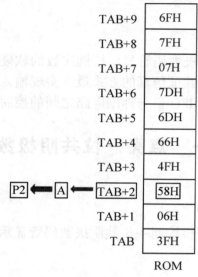

图 4-2 字型码表格

2. 绘制程序流程图

如图 4-3 所示为 MCS-51 系列单片机控制一位共阴极数码管显示未知数字程序设计流程图。

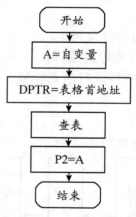

图 4-3 程序设计流程图

3. 编写程序

参考源程序如下：

ORG   0000H

```
MOV    A,#2
MOV    DPTR,#TAB
MOVC   A,@ A+DPTR
MOV    P2,A
SJMP   $
TAB：   DB 3FH,06H,5BH,4FH,66H
       DB 6DH,7DH,07H,7FH,6FH
END
```

4. 软件仿真

使用 Proteus 软件仿真，调试程序。如图 4-4 所示为仿真电路图。

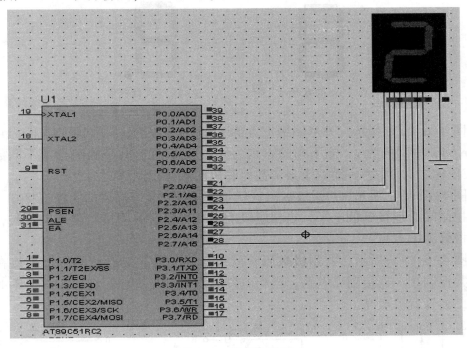

图 4-4　仿真电路图

5. 下载程序并验证功能

将单片机插到电路板的 DIP40 IC 插座上，按电路图连接好单片机开发板，将 HEX 文件下载到单片机芯片中，观察实际效果。

知识链接

一、认识 LED 数码管

（一）LED 数码管简介

LED 数码管是单片机最基本的外设，在单片机系统中，常常用 LED 数码管显示器来显示各种数字或字母。

LED 数码管简称数码管，其本质上是一个由多个段型发光二极管组成的电子元器件，通过控制不同段发光二极管的亮灭来组合构成 0~9 的数字或字母。

（二）LED 数码管的显示

如图 4-5 所示，数码管按段数可以分为七段数码管和八段数码管，两种数码管的内部都是由七个条形 LED，按照三横四竖呈"日"字形组合在一起，而八段数码管则是多了个小圆点，用来表示小数点。数码管分为共阴极和共阳极两种，共阴极数码管就是 8 只发光二极管的阴极连接在一起，阴极是公共端，由阳极来控制单个小灯的亮灭。同理，共阳极数码管就是 8 只发光二极管的阳极接在一起，阳极是公共端，由阴极来控制单个小灯的亮灭。

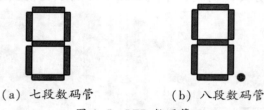

（a）七段数码管　　　　（b）八段数码管

图 4-5　LED 数码管

如图 4-6（a）所示，外形图最上方的 LED 的编码为 a，顺时针往下依次为 b、c、d、e、f，中间的为 g，右下角的点则为 dp，我们将这几个能组合成不同数字的条形 LED 称之为"段"，而对于条形数码管段的选择控制称之为"段选"。

如图 4-6（b）所示，共阴极数码管就是将 8 只发光二极管的阴极连接在一起作为公共控制端，连接到低电平。当相应段的发光二极管的阳极给出高电平时，该段发光二极管就被点亮。

如图 4-6（c）所示，共阳极数码管就是将 8 只发光二极管的阳极连接在一起作为公共控制端，连接到高电平。当相应段的发光二极管的阴极给出高电平时，该段发光二极管就被点亮。

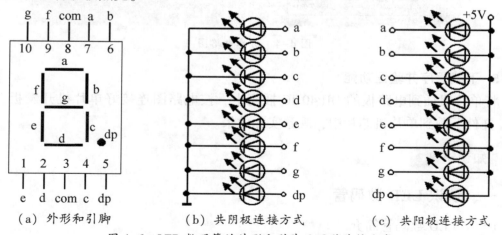

（a）外形和引脚　　　（b）共阴极连接方式　　　（c）共阳极连接方式

图 4-6　LED 数码管的外形和引脚及两种连接方式

（三）数码管字型码

要使数码管显示出相应的数字和字母，必须使相应的段数据口输出相应的字型码，如表 4-1 所示，数码管的每段都通过 8 条数据线对应着一个 I/O 口。只要数码管接收到相应的字型码后就会显示对应的数字，如表 4-2 所示。

表 4-1　字型码定义表

数据线	D7	D6	D5	D4	D3	D2	D1	D0
I/O 口线	P2.7	P2.6	P2.5	P2.4	P2.3	P2.2	P2.1	P2.0
LED 段码	dp	g	f	e	d	c	b	a

表 4-2　共阴极和共阳极 LED 数码管的段码

显示字符	共阴极段码	共阳极段码	显示字符	共阴极段码	共阳极段码
0	3FH	C0H	A	77H	88H
1	06H	F9H	B	7CH	83H
2	5BH	A4H	C	39H	C6H
3	4FH	B0H	D	5EH	A1H
4	66H	99H	E	79H	86H
5	6DH	92H	F	71H	84H
6	7DH	82H	P	73H	82H
7	07H	F8H	U	3EH	C1H
8	7FH	80H	"灭"	00H	FFH
9	6FH	90H	—	—	—

二、查表程序设计

查表程序：根据自变量 X，在表格寻找 Y，使 $Y=F(X)$。

在 MCS-51 系列单片机的指令系统中，有 2 条查表指令，如表 4-3 所示。它们的功能完全相同，但使用方法略有差别。指令"MOVC A,@ A+DPTR"将累加器 A 中的内容与数据指针 DPTR 中的内容相加，结果为程序存储器中某个单元的地址，然后将该地址单元的内容传送到累加器 A 中，表格可在程序存储器 64 KB 范围之内的任何地方；指令"MOVC A,@ A+PC"将累加器 A 中的内容与程序计数器 PC 中的内容相加（注意：此处的 PC 是指下一条指令的首地址），结果同样为程序存储器中某个单元的地址，然后将该地址单元的内容传送到累加器 A 中，表格只能设置在查表指令之后，且长度不超过 256 B。

表 4-3　查表指令

指令	功能
MOVC　A,@ A+DPTR	A←（A+DPTR）
MOVC　A,@ A+PC	A←（A+PC）

查表程序设计的步骤如下：

（1）DB 和 DW 建表伪指令。

（2）MOVC 查表指令。

【例 4-1】　查表程序指令示例如下：

```
ORG   0000H              ;程序开始
MOV   A,#自变量
MOV   DPTR,#表格首地址
MOVC  A,@ A+DPTR         ;查表程序
MOV   PX,A               ;输出控制指令
ORG   0100H             ;伪指令指定表格存放的起始地址
DB    00H, 01H,02H       ;从起始地址开始，表格数据顺序存放
END                     ;结束
```

【任务拓展】

采用查表法，利用 MCS-51 系列单片机控制一位共阳极数码管循环显示数字 0~9。

任务二　按键控制数码管显示

【任务描述】

实现按键控制数码管动态显示数字 0~9 的功能，主要用位条件转移指令来判断输入口是否有按键按下，用加 1 指令来表示每按下 1 次按键，单片机输出口控制数码管显示按键次数。直到按键按下 9 次，数码管又重新开始计数显示。

【学习目标】

1. 知识目标

（1）掌握位条件转移指令操作功能。

（2）掌握循环程序的编写方法。

2. 技能目标

（1）能够设计硬件电路。

（2）能够根据硬件电路进行程序设计。

（3）熟练使用 Keil 软件进行程序的编译。

（4）熟练使用 Proteus 仿真软件进行仿真验证。

【任务分析】

本任务的程序设计结合了分支和循环的结构。具体的工作任务流程如图4-7所示。

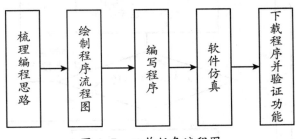

图4-7 工作任务流程图

【任务实施】

1. 梳理编程思路

本任务涉及两个主要内容。内容一为一位共阴极数码管在按键控制的作用下显示不同的数字，内容二为一位共阴极数码管显示按键次数。其中两种硬件电路的设计思路一致，程序的设计是逐次优化。内容一的设计思路是通过位条件转移指令判断P3.0引脚是否有按键按下，若有按键按下则采用查表程序实现数码管显示数字5，若无按键按下则采用查表程序实现数码管显示0。内容二要求的是上电后数码管显示数字0，通过P3.0引脚判断是否有按键按下，若按键未按下即P3.0=1，则继续调用子程序显示0，若按键按下即P3.0=0，则按顺序调用子程序；再次通过P3.0，判断按键是否松开，若按键未松开，则转移至第二个调用显示子程序处，若按键松开，则按顺序执行，让显示自变量R0的内容加1，再比较自变量R0的值是否等于10，若不相等则转移至第一处调用子程序处，若相等，则将自变量R0中的内容清零，再循环以上过程，最后整个程序结束。

2. 绘制程序流程图

图4-8为一位共阴极数码管在按键控制的作用下显示不同数字的程序流程图（内容一），图4-9为一位共阴极数码管显示按键次数的程序流程图（内容二）。

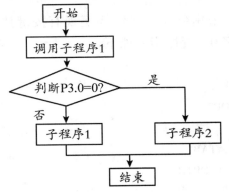

图4-8 内容一的程序流程图

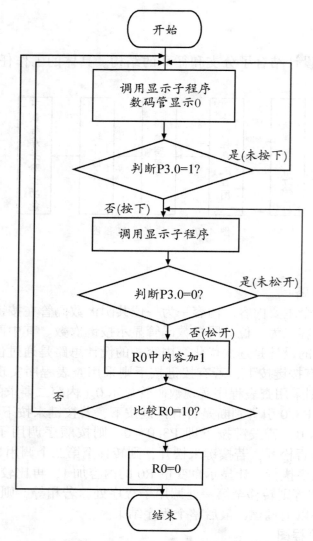

图 4-9　内容二的程序流程图

3. 编写程序

（1）参考源程序 1：采用分支程序结构实现有按键按下时数码管显示数字 5，没有按键按下时显示数字 0。程序指令如下：

```
        ORG   0000H
        LCALL  LOOP1
        JNB   P3.0,LOOP2
LOOP1:  MOV   A,#0
        MOV   DPTR,#TAB
        MOVC  A,@A+DPTR
        MOV   P2,A
        RET
```

LOOP2:

    MOV   A,#5

    MOV   DPTR,#TAB

    MOVC A,@A+DPTR

    MOV   P2,A

TAB： DB 3FH,06H,5BH,4FH,66H

    DB 6DH,7DH,07H,7FH,6FH

    END

（2）参考源程序 2：一位共阴极数码管显示按键次数的程序设计。程序指令如下：

    ORG 0000H

LOOP1： LCALL LOOP

    JB P3.0,LOOP1

LOOP2： LCALL LOOP

    JNB P3.0,LOOP2

    INC R0

    CJNE R0,#10,LOOP1

    MOV R0,#0

    LJMP LOOP1

LOOP： MOV A,R0

    MOV DPTR,#TAB

    MOVC A,@A+DPTR

    MOV P2,A

    RET

TAB： DB 3FH,06H,5BH,4FH,66H

    DB 6DH,7DH,07H,7FH,6FH

    END

4. 软件仿真

如图 4-10 所示为本任务的硬件电路图，将其绘制在 Proteus 仿真软件中，再将 Keil 软件中编译生成的可执行性 HEX 文件加载到 AT89C51 单片机中，单击播放按钮进行仿真。模拟内容一按下按键，数码管显示 0，松开按键，数码管显示 5。模拟内容二每按下一次按键，数码管显示按键次数，直到按下 9 次，数码管又从 0 开始计数显示。

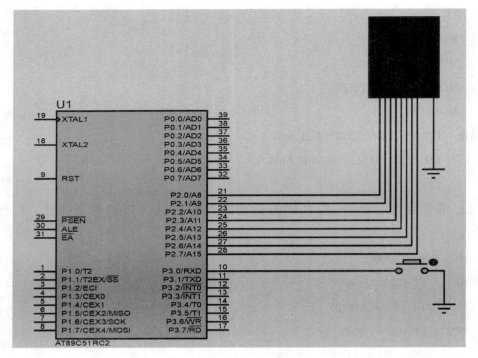

图 4-10 硬件电路图

5. 下载程序并验证功能

将单片机插到电路板的 DIP40 IC 插座上，按电路图连接好单片机开发板，将 HEX 文件下载到单片机芯片中，观察实际效果。

知识链接

一、位操作类指令

位操作类指令的操作数是"位"，其取值只能是 0 或 1，故又称为布尔操作指令。位操作类指令的操作对象是片内 RAM 的 128 个可寻址位（20H ~ 2FH）和特殊功能寄存器 SFR 中的 11 个可位寻址的寄存器中的 82 个可寻址位。

位操作类指令以进位标志位 Cy 作为位累加器（C），可以实现布尔变量的传送、运算和控制转移等功能。

位操作类指令分为以下 5 组：

（1）位传送指令（2 条）：MOV。

（2）位置位和位清零指令（4 条）：SETB、CLR。

（3）位逻辑运算指令（6 条）：ANL、ORL、CPL。

（4）位条件转移指令（3 条）：JB、JNB、JBC。

（5）判断 Cy 标志指令（2 条）：JC、JNC。

1. 位传送指令（2 条，见表 4-4）

表 4-4　位传送指令

指令格式	操作功能	字节数	机器周期数
MOV C,bit	C←(bit)	2	1
MOV bit,C	bit←(C)	2	1

注意：位传送指令的操作数中必须有一个是进位位 C，不能在其他两个位之间直接传送。

2. 位置位和位清零指令（4 条，见表 4-5）

表 4-5　位置位和位清零指令

指令格式	操作功能	字节数	机器周期数
CLR C	C←0	1	1
CLR bit	bit←0	2	1
SETB C	C←1	1	1
SETB bit	bit←1	2	1

3. 位逻辑运算指令（6 条，见表 4-6）

表 4-6　位逻辑运算指令

指令格式	操作功能	字节数	机器周期数
ANL C,bit	$C \leftarrow (C) \wedge (bit)$	2	2
ANL C,/bit	$C \leftarrow (C) \wedge \overline{(bit)}$	2	2
ORL C,bit	$C \leftarrow (C) \vee (bit)$	2	2
ORL C,/bit	$C \leftarrow (C) \vee \overline{(bit)}$	2	2
CPL C	$C \leftarrow \overline{(C)}$	1	1
CPL bit	$bit \leftarrow \overline{(bit)}$	2	1

注意：以上指令结果通常影响程序状态字寄存器 PSW 的 Cy 标志。

4. 位条件转移指令（3 条，见表 4-7）

表 4-7　位条件转移指令

指令格式	操作功能	字节数	机器周期数
JB bit,rel	若(bit)=1，则 PC←(PC)+3+rel 转移，否则顺序执行	3	2
JNB bit,rel	若(bit)=0，则 PC←(PC)+3+rel 转移，否则顺序执行	3	2
JBC bit,rel	若(bit)=1，则 PC←(PC)+3+rel 转移且(bit)←0，否则顺序执行	3	2

注意：①JBC 与 JB 指令的区别是前者转移后把寻址位清零，后者只转移而不把寻址位清零。②以上指令结果不影响程序状态字寄存器 PSW。

5. 判断 Cy 标志指令（2 条，见表 4-8）

表 4-8　判断 Cy 标志指令

指令格式	操作功能	字节数	机器周期数
JC rel	若（C）= 1，则 PC←（PC）+2+rel 转移，否则顺序执行	2	2
JNC rel	若（C）= 0，则 PC←（PC）+2+rel 转移，否则顺序执行	2	2

注意：以上指令结果不影响程序状态字寄存器 PSW。

二、算术运算指令

算术运算指令可以完成加、减、乘、除及加 1 和减 1 等运算。这类指令多数以 A 为主要源操作数，同时又使 A 为目的操作数。

算术运算结果将影响进位标志位 Cy、半进位标志位 AC、溢出标志位 OV。加减运算结果将影响 Cy、AC、OV，乘除运算只影响 Cy、OV。只有加 1 和减 1 指令不影响这三种标志。奇偶标志位 P 要由累加器 A 的值来确定。

1. 不带进位的加法指令（4 条，见表 4-9）

表 4-9　不带进位的加法指令

指令格式	操作功能	字节数	机器周期数
ADD　A,Rn	A←（A）+（Rn）	1	1
ADD　A,direct	A←（A）+（direct）	2	1
ADD　A,@ Ri	A←（A）+（（Ri））	1	1
ADD　A,#data	A←（A）+data	2	1

指令的功能是把源操作数与累加器 A 的内容相加，结果送入目的操作数 A 中。

（1）Cy：和的 D7 位有进位时，（Cy）= 1；否则，（Cy）= 0。

（2）AC：和的 D3 位有进位时，（AC）= 1；否则，（AC）= 0。

（3）OV：和的 D7、D6 位只有一个有进位时，（OV）= 1；溢出表示运算的结果超出了数值所允许的范围。如两个正数相加结果为负数或两个负数相加结果为正数时属于错误结果，此时（OV）= 1。

（4）P：累加器 ACC 中"1"的个数为奇数时，（P）= 1；为偶数时，（P）= 0。

2. 带进位的加法指令（4 条，见表 4-10）

表 4-10 带进位的加法指令

指令格式	操作功能	字节数	机器周期数
ADDC A,Rn	A←(A)+(Rn)+(Cy)	1	1
ADDC A,direct	A←(A)+(direct)+(Cy)	2	1
ADDC A,@Ri	A←(A)+((Ri))+(Cy)	1	1
ADDC A,#data	A←(A)+data+(Cy)	2	1

指令的功能是把源操作数与累加器 A 的内容相加再与进位标志 Cy 的值相加，结果送入目的操作数 A 中。加的进位标志 Cy 的值是在该指令执行之前已经存在的进位标志的值，而不是执行该指令过程中产生的进位。

3. 加 1 指令（5 条，见表 4-11）

表 4-11 加 1 指令

指令格式	操作功能	字节数	机器周期数
INC A	A←(A)+1	1	1
INC Rn	Rn←(Rn)+1	1	1
INC direct	direct←(direct)+1	2	1
INC @Ri	(Ri)←((Ri))+1	1	1
INC DPTR	DPTR←(DPTR)+1	1	2

指令的功能是把源操作数的内容加 1，结果再送回原单元。这些指令仅 INC A 影响 P 标志。其余指令都不影响标志位的状态。

4. 带借位的减法指令（4 条，见表 4-12）

表 4-12 带借位的减法指令

指令格式	操作功能	字节数	机器周期数
SUBB A,Rn	A←(A)-(Rn)-(Cy)	1	1
SUBB A,direct	A←(A)-(direct)-(Cy)	2	1
SUBB A,@Ri	A←(A)-((Ri))-(Cy)	1	1
SUBB A,#data	A←(A)-data-(Cy)	2	1

这组指令的功能是从累加器 A 中减去源操作数所指出的数及进位位 Cy 的值，差保留在累加器 A 中。由于 89C51 指令系统中没有不带借位的减法指令，如需要的话，可以在"SUBB"指令前用"CLR C"指令将 Cy 清零，这一点必须注意。

5. 减 1 指令（4 条，见表 4-13）

表 4-13　减 1 指令

指令格式	操作功能	字节数	机器周期数
DEC　A	A←(A)−1	1	1
DEC　Rn	Rn←(Rn)−1	1	1
DEC　direct	direct←(direct)−1	2	1
DEC　@Ri	(Ri)←((Ri))−1	1	1

这组指令的功能是把操作数的内容减 1，结果再送回原单元；仅 DEC　A 影响 P 标志，其余指令都不影响标志位的状态；与 INC 比较，少了一种寻址方式。

6. 十进制调整指令（1 条，见表 4-14）

表 4-14　十进制调整指令

指令格式	操作功能	字节数	机器周期数
DA　A	对 A 中的加法结果进行 BCD 运算调整	1	1

在单片机中，通常用每位都小于 0AH（0~9）的十六进制数来表示十进制数，即 BCD 码。CPU 本身不能区分一个数是不是 BCD 码，而是程序设计者用程序来区分的。在单片机中，没有十进制的运算指令，而是通过对二进制加法运算的结果进行调整来实现十进制的加法运算；而减法运算则必须通过 BCD 补码的加法运算来实现。

1）指令要点分析

（1）这条指令必须紧跟在 ADD 或 ADDC 指令之后，且这里的 ADD 或 ADDC 的操作是对压缩的 BCD 数进行运算。

（2）DA 指令不影响溢出标志。

2）BCD 码调整完成的途径

（1）当累加器 A 中的低 4 位数出现了非 BCD 码（1010~1111）或低 4 位产生进位（AC=1），则应在低 4 位加 6 调整，以产生低 4 位正确的 BCD 结果。

（2）当累加器 A 中的高 4 位数出现了非 BCD 码（1010~1111）或高 4 位产生进位（Cy=1），则应在高 4 位加 6 调整，以产生高 4 位正确的 BCD 结果。

十进制调整指令执行后，PSW 中的 Cy 表示结果的百位值。

7. 乘法指令（1 条，见表 4-15）

表 4-15　乘法指令

指令格式	操作功能	字节数	机器周期数
MUL　AB	(A)×(B)→$B_{15\sim8}A_{7\sim0}$	1	4

指令实现 8 位无符号数的乘法操作，两个乘数分别放在累加器 A 和寄存器 B 中，乘积为 16 位，低 8 位放在 A 中，高 8 位放在 B 中。如积大于 255（即 0FFH），则溢出标志 OV 置"1"，否则清零。进位标志 Cy 总是清零。

8. 除法指令（1 条，见表 4-16）

表 4-16　除法指令

指令格式	操作功能	字节数	机器周期数
DIV　AB	(A)/(B)商→ A (A)/(B)余数→ B	1	4

指令实现 8 位无符号数除法，被除数放在 A 中，除数放在 B 中，指令执行后，商放在 A 中而余数放在 B 中。当除数为 0 时，则结果的 A 和 B 的内容不定，且溢出标志位（OV）= 1。而标志 Cy 总是被清零。

【任务拓展】

利用减 1 指令（DEC）将程序改编成在按键每按下 1 次后，一位共阳极数码管显示的数字从 9 减至 0。

项目五　中断系统的应用

【项目描述】

本项目要求设计停车场实时显示系统。首先，以停车场车辆出入口存在的安全隐患为切入点，引出车辆进行入库检测的设计需求，完成车辆入库检测程序设计。其次，通过学习数码管的动态显示方法，进一步完成剩余车位数显示的程序设计。最后，通过入库安全检测和剩余车位显示，构建停车场车辆实时显示系统程序设计。

任务一　停车场车辆入库的检测

【任务描述】

完成停车场车辆入库的检测任务，了解车辆进行入库检测的设计需求，设计车辆入库检测程序。通过车辆入库安全检测，我们将掌握中断概念和中断初始化程序编写，并对中断系统的工作原理有更深入的理解。

【学习目标】

1. 知识目标

（1）掌握中断相关概念。

（2）掌握中断初始化程序的编写。

（3）理解中断系统的工作原理。

2. 技能目标

（1）能够熟练使用 Keil 软件进行程序设计。

（2）能够熟练掌握 Proteus 软件仿真方法。

【任务分析】

完成本任务需 4 个学时。本任务制订了工作任务流程如图 5-1 所示。

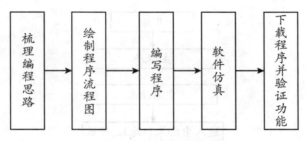

图 5-1 工作任务流程图

【任务实施】

1. 梳理编程思路

根据中断原理，设计它的硬件电路，用单片机开发板上的蜂鸣器模拟报警器，用按键按下模拟车辆入库。当按键按下，表示有车辆进入车库，蜂鸣器发出报警声。P2.0 接蜂鸣器，P3.2 接按键，当按键按下出现报警信号，一定时间后报警信号停止。车辆入库检测硬件设计如图 5-2 所示。

图 5-2 车辆入库检测硬件设计

2. 绘制程序流程图

根据功能要求，绘制出检测程序流程图（图 5-3）。开始指令，进入主程序，进行中断初始化，当 P3.2 按键按下，表示有中断请求，CPU 响应中断后，进入中断入口地址，执行中断服务程序，服务程序执行，蜂鸣器发出报警信号，一定时间后报警信号停止，中断结束并返回。

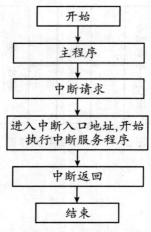

图 5-3　检测程序流程图

3. 编写程序

根据流程图，编写车辆入库检测程序，指令如下：

```
        ORG    0000H
        LJMP   MAIN
        ORG    0003H
        LJMP   LOOP
        ORG    1000H
MAIN:   SETB   EX0
        SETB   IT0
        SETB   EA
        SJMP   $
LOOP:   SETB   P2.0
        MOV    R7,#10
D0:     MOV    R6,#250
D1:     MOV    R5,#200
D2:     DJNZ   R5,D2
        DJNZ   R6,D1
        DJNZ   R7,D0
        CPL    P2.0
        RETI
        END
```

程序首先从程序存储器起始地址 0000H 开始，由 LJMP 进入主程序 MAIN，进行中断初始化，开放外部中断 0，设置触发方式，开放中断系统，当有按键按下时，马上进入中断入口地址 0003H，由 LJMP LOOP 进入 LOOP 为首地址的中断服务程序，用 SETB P2.0 触发报警器报警，采用三重循环程序延时报警 1 s，用 CPL P2.0 停止报警，最后用 RETI 指令返回中断，等待下一次按键按下，最后用 END 结束整个程序。

4. 软件仿真

本任务的仿真电路如图 5-4 所示。具体步骤如下。

（1）用 Keil 软件编译程序。

（2）连接硬件电路。

（3）下载程序。

（4）运行调试。

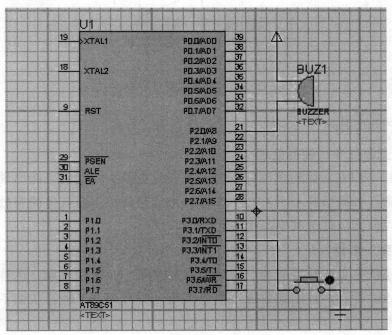

图 5-4 仿真电路

5. 下载程序并验证功能

将单片机插到电路板的 DIP40 IC 插座上，将 HEX 文件下载到单片机芯片中，在电源和接地端加上 +5 V 直流稳压电源，观察实际效果。

知识链接

一、认识中断

（一）什么是中断

中断是指 CPU 在处理事件 A（一般是主程序），此时发生突发事件 B 需 CPU 紧急处理，则 CPU 暂时停止处理事件 A，转去处理事件 B（中断服务子程序），待 CPU 将事件 B 处理完毕后，再回到事件 A 继续处理。中断过程示意图如图 5-5 所示。

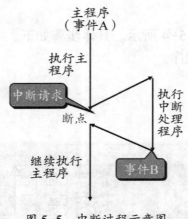

图 5-5 中断过程示意图

（二）中断的用途

1. 实现资源共享、并行处理

一个资源（CPU）面对多项任务但由于资源有限，因此就可能出现资源竞争的局面，即几项任务来争夺一个 CPU。中断技术就是解决资源竞争的有效方法，采用中断技术可以使多项任务共享一个资源。

2. 处理突发事件

单片机系统在工作时可能会出现一些突发故障，如硬件故障、运算错误、电源掉电、程序故障等，一旦出现故障，CPU 就可及时发现并处理，从而不必停机，提高系统可靠性。

（三）中断源介绍

引起中断的原因，中断申请的来源称为中断源。MCS-51 是一种多中断源的单片机，共 5 个中断源（2 个外部中断源，3 个内部中断源），2 个优先级，可实现二级中断嵌套。

1. 外部中断源（2 个）

由外部信号引起。如由打印机、键盘、控制开关、外部故障等引起，由 2 个固定引脚输入到单片机内。

（1）$\overline{\text{INT0}}$：外部中断 0 请求中断信号输入端，由 P3.2 端口线引入，低电平或下降沿引起。

（2）$\overline{\text{INT1}}$：外部中断 1 请求中断信号输入端，由 P3.3 端口线引入，低电平或下降沿引起。

这两个外部中断源标志和它们的触发方式控制位由定时器/计数器控制寄存器（TCON）的低 4 位控制。

2. 内部中断源（3个）

单片机芯片内部产生，由内部定时（或计数）溢出或外部定时（或计数）溢出引起的，即T0、T1中断。

（1）T0：定时器/计数器0中断，由T0溢出引起。

（2）T1：定时器/计数器1中断，由T1溢出引起。

（3）TI/RI：串行I/O中断，串行端口完成一帧字符发送/接收后引起。

这3个内部中断源的控制位分别锁存在TCON和串行口控制寄存器（SCON）中。

（四）中断的其他相关概念

断点：主程序被打断的位置称为断点。中断被响应前需要保存断点，以便中断程序执行完后回到主程序的断点处继续执行。

中断嵌套：在执行中断服务程序时，又被新的中断源打断的过程称为中断嵌套。

中断优先级：当有多个中断源同时向CPU申请中断时，CPU优先响应最需紧急处理的中断请求。

二、中断寄存器

（一）中断系统的结构

MCS-51系列单片机中断系统的结构如图5-6所示。

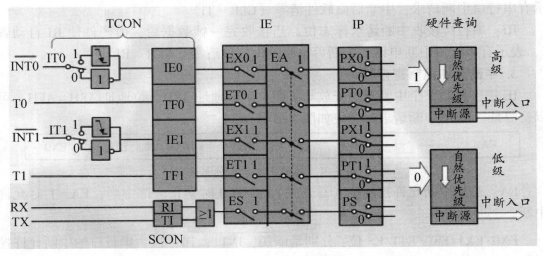

图5-6　MCS-51系列单片机中断系统的结构

整个中断系统的控制是由4个特殊功能寄存器进行控制的，它们分别是：定时器/计数器控制寄存器（TCON）、串行口控制寄存器（SCON）、中断允许寄存器（IE）和中断优先级寄存器（IP），允许哪些产生中断，采用哪种触发方式，各中断的优先级如何确定等控制问题，主要由上面4种寄存器来实现。

1. 定时器/计数器控制寄存器

主要用于设置外部中断触发方式，标注外部中断请求。字节地址 88H，位地址 88H~8FH，可以位寻址。TCON 的中断请求标志位如图 5-7 所示。

TF1	TR1	TF0	TR0	IE1	IT1	IE0	IT0

图 5-7　TCON 的中断请求标志位

TF1/TF0：T1/T0 的溢出中断标志位，由硬件置 1，硬件清零（也可软件清零）。

TR1/TR0：T1/T0 的启动标志位。TR1/TR0 = 0，关闭工作；TR1/TR0 = 1，启动工作。

IE0/IE1：外部中断申请标志位。IE0/IE1 = 0，没有外部中断申请；IE0/IE1 = 1，有外部中断申请。

IT0/IT1：外部中断请求的触发方式选择位。IT0/IT1 = 0，在$\overline{\text{INT0}}$/$\overline{\text{INT1}}$端申请中断的信号低电平有效；IT0/IT1 = 1，在$\overline{\text{INT0}}$/$\overline{\text{INT1}}$端申请中断的信号负跳变有效。

2. 串行口控制寄存器

SCON 中与中断相关的控制位共 2 位。字节地址 98H，位地址 98H~9FH，可以位寻址。SCON 的中断请求标志位如图 5-8 所示。

SM0	SM1	SM2	REN	TB8	RB8	TI	RI

图 5-8　SCON 的中断请求标志位

TI：串行口发送中断请求标志位。当发送完一帧数据后，由硬件使 TI 置 1，表示有串行口中断请求，中断后由软件清零（CLR　TI）。

RI：串行口接收中断请求标志位。当接收完一帧数据后，由硬件使 RI 自动置 1，表示有串行口中断申请，中断后也必须由软件清零（CLR　RI）。

3. 中断允许控制寄存器

IE 用于控制 5 个中断源的开放与关闭。字节地址 A8H，位地址 A8H~AFH，可以位寻址。IE 的中断请求标志位如图 5-9 所示。

EA	—	—	ES	ET1	EX1	ET0	EX0

图 5-9　IE 的中断请求标志位

EA：总的中断允许控制位（总开关）。EA = 0 时禁止全部中断；EA = 1 时允许中断。

EX0/EX1/ET0/ET1/ES 位：分别是$\overline{\text{INT0}}$，$\overline{\text{INT1}}$，T0，T1，串行口的中断允许控制位（分开关）。EX0/EX1/ET0/ET1/ES = 0，禁止中断；EX0/EX1/ET0/ET1/ES = 1，允许中断。

在中断源与 CPU 之间有两级中断允许控制逻辑电路，类似开关，其中第一级为 1 个总开关，第二级为 5 个分开关，由 IE 控制。

4. 中断优先级寄存器

CPU 同一时间只能响应 1 个中断请求。若同时来了 2 个或 2 个以上中断请求，就必须有先后，为此将 5 个中断源分成高级、低级 2 个级别，高级优先，由 IP 控制。IE 的中断请求标志位如图 5-10 所示。

—	—	—	PS	PT1	PX1	PT0	PX0

图 5-10 IE 的中断请求标志位

PX0/PX1：$\overline{INT0}$/$\overline{INT1}$优先级控制位。PX0/PX1 = 0，属低优先级；PX0/PX1 = 1，属高优先级。

PT0/PT1：T0/T1 中断优先级控制位。PT0/PT1 = 0，属低优先级；PT0/PT1 = 1，属高优先级。

PS：串行口中断优先级控制位。PS = 0，属低优先级；PS = 1，属高优先级。

三、中断处理过程

一个完整的中断处理过程分为 4 个阶段：中断请求、中断响应、中断服务、中断返回，如图 5-11 所示。中断源发出的中断请求是利用中断请求标志位来通知 CPU 的，但是仅有中断申请发出还不能得到 CPU 的响应，还要满足相应的条件，CPU 才能响应中断，从而进行接下来的中断服务、中断返回。

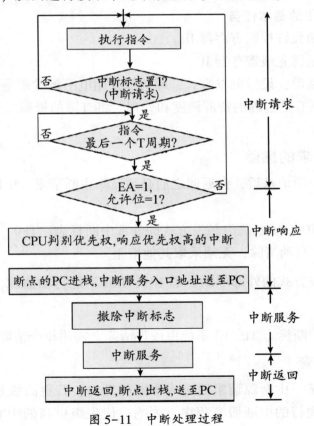

图 5-11 中断处理过程

（一）中断响应

满足 CPU 的中断响应条件之后，CPU 才会对中断源的中断请求予以处理。

中断响应条件包括：有无中断源发出中断请求，中断总允许位 EA = 1，申请中断的中断源的中断允许位为 1，即中断没有被屏蔽，无同级或更高级中断正在被服务。

（二）中断初始化

为了能让 CPU 响应中断，我们还需要对这 4 个寄存器进行相应的设置，这个过程就叫中断的初始化。

1. 初始化操作具体任务

（1）开放相应中断源：确定允许哪些中断源产生中断请求。

（2）设定中断源的优先级。如果同时有几个中断源发出了中断请求，那么我们就要设置中断源的响应顺序。

（3）确定中断源是内部中断还是外部中断，是外部中断的话就要考虑触发方式。

2. 中断初始化的基本任务

（1）设置中断允许控制寄存器 IE。

（2）设置中断优先级寄存器 IP。

（3）对外中断源，设置触发方式，即选择采用电平触发还是下降沿触发。

中断思想的核心是合理的资源调度和处理，将有限的资源以优先级和规则的方式分配给不同的任务。

四、中断请求的撤除

CPU 响应某中断请求后，在返回之前必须撤除中断请求。中断请求标志清除方式有三种情况：

（1）定时器 T0、T1 及跳沿触发方式的外部中断标志，TF0、TF1、IE0、IE1 在中断响应后由硬件自动清除，无须采取其他措施。

（2）电平触发方式的外部中断标志 IE1、IE0 不能自动清除，必须撤除$\overline{INT0}$或$\overline{INT1}$的电平信号。

（3）串行口中断标志 TI、RI 不能由硬件清除，需用指令清除。

五、中断嵌套

当 CPU 响应某一中断源请求而进入中断处理时，若更高级别的中断源发出申请，则 CPU 暂停现行的中断服务程序，去响应优先级更高的中断，待更高级别的中断处理完毕后，再返回低级中断服务程序继续处理，这个过程称为中断嵌套。低级中断不能中断优先级高的中断，同级中断不能中断优先级相同的中断。

【任务拓展】

利用中断实现数码管显示 0~9，绘制程序流程图，用 Keil 软件编写程序，并用 Proteus 软件进行仿真调试。

任务二　剩余车位数显示

【任务描述】

通过设计剩余车位数显示的程序，掌握数码管的动态显示方法。

【学习目标】

1. 知识目标

（1）掌握数码管静态、动态显示方法。

（2）掌握两位数码管动态显示程序的编写。

（3）掌握剩余车位数显示程序的编写。

2. 技能目标

（1）能够熟练使用 Keil 软件进行程序设计。

（2）能够熟练掌握 Proteus 软件仿真方法。

【任务分析】

完成本任务需 2 个学时。任务的重点是两位数码管的动态显示程序设计，掌握数码管的不同显示方法，体现出在多位数码管显示中动态显示方法的重要性。根据中断原理搭建硬件电路，综合中断处理程序结构和双位数码管显示程序结构，采用单片机开发板模拟实现剩余车位数的显示功能。本任务制订了工作任务流程如图 5-12 所示。

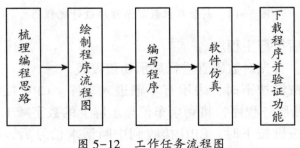

图 5-12　工作任务流程图

【任务实施】

1. 梳理编程思路

本任务通过单片机开发板模拟实现剩余车位数的显示功能。使用单片机开发板上的数码管来模拟剩余车位的显示屏，并使用按键来模拟车辆的出入库。根据中断原理进行硬件电路的搭建，用 P0 口接多位数码管的段选端，控制输出字形；用 P2.0、P2.1 接数码管的位选端，用 P3.2 接按键，模拟车辆入库，用 P3.3 接按键，模拟车辆出库。剩余车位数显示硬件设计如图 5-13 所示。

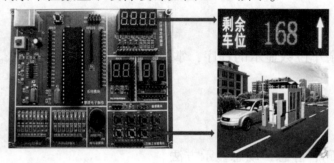

图 5-13　剩余车位数显示硬件设计

2. 绘制程序流程图

根据硬件电路和程序结构，综合中断处理程序结构和双位数码管显示程序结构，绘制本项目的程序流程图，如图 5-14 所示。

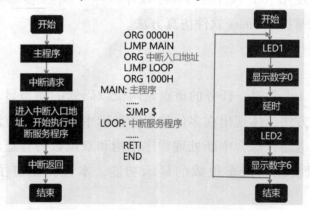

图 5-14　剩余车位数显示程序设计流程图

（1）程序开始后执行主程序。

（2）主程序中，首先对数码管进行显示初值设置。

（3）当有进库按键按下时，表示有车辆进入车库。CPU 接收到中断请求信号后，进入对应的中断服务程序，将剩余车位显示屏上的数字减 1。

（4）当有出库按键按下时，CPU 接收到中断请求信号后，进入对应的中断服务程序，将剩余车位显示屏上的数字加 1。

3. 编写程序

根据图 5-14，编写剩余车位数显示程序，指令如下：

```
        ORG   0000H
        LJMP  MAIN
        ORG   0003H
        LJMP  ZD0
        ORG   0013H
        LJMP  ZD1
MAIN:
        SETB  EA
        SETB  EX0
        SETB  EX1
        SETB  IT0
        SETB  IT1
        MOV   R0,#99
XS：    MOV   A,R0
        MOV   B,#10
        DIV   AB
        MOV   30H,#1
        MOV   31H,A
        LCALL XSYG
        LCALL DELAY
        MOV   30H,#0
        MOV   31H,B
        LCALL XSYG
        LCALL DELAY
        LJMP  XS
XSYG：  MOV   P0,#0FFH
        MOV   A,30H
        MOV   DPTR,#WEI
        MOVC  A,@A+DPTR
        MOV   P2,A
        MOV   A,31H
        MOV   DPTR,#DUAN
        MOVC  A,@A+DPTR
        MOV   P0,A
        RET
ZD0：
     DEC   R0
     CJNE  R0,#-1,ZD0H
```

```
        MOV   R0,#0
ZD0H:   RETI
ZD1:
        CJNE   R0,#99,ZD1H
        SJMP   ZD1L
ZD1H:   INC   R0
ZD1L:   RETI
DELAY:
          MOV   R5,#10
D2:    MOV   R6,#100
D1:    DJNZ   R6,D1
        DJNZ   R5,D2
        RET
WEI:   DB 0FEH,0FDH
DUAN:   DB 0C0H,0F9H,0A4H,0B0H,99H,92H,82H,0F8H,80H,90H
END
```

首先从程序存储器起始地址 0000H 开始，由 LJMP 进入主程序 MAIN，进行中断初始化，对数码管进行显示初值设置，开放外部中断 0、1，设置触发方式，开放中断系统。当有按键按下时（表示有车辆入库或出库），马上进入中断入口地址 0003H 或 0013H，由 LJMP ZD0 或 ZD1 进入中断服务程序，数码管初始值减 1 或加 1，用 RETI 指令返回中断，等待下一次按键按下（车辆出入库），最后用 END 结束整个程序。

4. 软件仿真

本任务的仿真电路如图 5-15 所示。

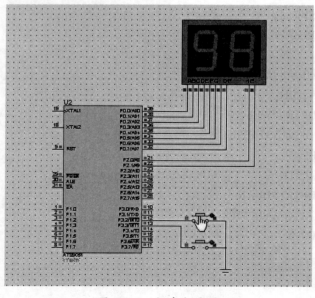

图 5-15　仿真电路图

5. 下载程序并验证功能

将单片机插到电路板的 DIP40 IC 插座上，将 HEX 文件下载到单片机芯片中，在电源和接地端加上+5 V 直流稳压电源。

知识链接

一、数码管的显示方式

1. 静态显示

静态显示就是显示驱动电路具有输出锁存功能，单片机将所要显示的数据送出去后，数码管始终显示该数据（不变），CPU 不再控制 LED。到下一次显示时，再传送一次新的显示数据。

静态显示的接口电路采用一个并行口接一个数码管，数码管的公共端按共阴极或共阳极分别接地或接 Vcc。这种接法，每个数码管都要单独占用一个并行 I/O 口，以便单片机传送字形码到数码管控制数码管的显示。显然其缺点就是当显示位数多时，占用 I/O 口过多。为了解决静态显示 I/O 口占用过多的问题，可采用串行接口扩展 LED 数码管的技术。

优点：显示的数据稳定，无闪烁，占用 CPU 时间少。

缺点：由于数码管始终发光，功耗比较大。静态显示电路图如图 5-16 所示。

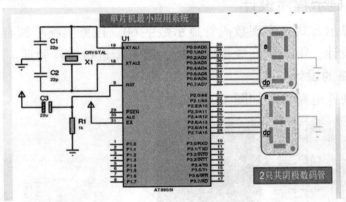

图 5-16　静态显示电路图

2. 动态扫描显示

动态扫描显示方法是用其接口电路把所有数码管的 8 个笔划段 a~g 和 dp 同名端连在一起，而每一个数码管的公共极（COM）各自独立地受 I/O 口控制。CPU 向字段输出口送出字形码时，所有数码管接收到相同的字形码。但究竟是哪个数码管亮，则取决于 COM 端，COM 端与单片机的 I/O 口相连接，由单片机输出位码到 I/O 控制何时哪一位数码管亮。

动态扫描用分时的方法轮流控制各个数码管的 COM 端，使各个数码管轮流点亮。在轮流点亮数码管的扫描过程中，每位数码管的点亮时间极为短暂，但由于人的视觉暂留现象及发光二极管的余辉，给人的印象就是一组同时显示的数据。

优点：当显示位数较多时，采用动态显示方式比较节省 I/O 口，硬件电路也较静态显示简单。

缺点：其稳定度不如静态显示方式，而且在显示位数较多时 CPU 要轮番扫描，会占用 CPU 较多的时间。动态显示电路图如图 5-17 所示。

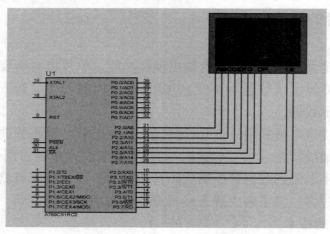

图 5-17　动态显示电路图

二、动态显示程序设计

采用动态显示方式来实现数码管显示数字 60。任务实施步骤有三步，第一步完成硬件电路的设计，第二步完成程序设计，第三步进行编译验证。

1. 硬件电路的设计

动态显示硬件电路设计如图 5-18 所示。

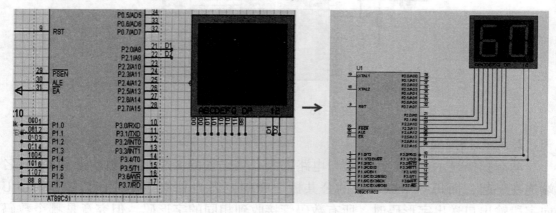

图 5-18　动态显示硬件电路设计

使用 P2 口连接两位数码管的段选端，用于输出字形码。P3 口的 P3.0 和 P3.1 分别连接两个数码管的位选端，作为片选信号。在数码管 1 上显示数字 0 时，只需在 P3.0 端口输出 0，选通第一个数码管后，再由 P2 口输出相应的十六进制段码来点亮并显示数字 0。延时一定时间后，在数码管 2 上显示数字 6 时，需要 P3.1 端口输出 0，选通第二个数码管后，再由 P2 口输出相应的十六进制段码来点亮并显示数字 6。

2. 程序设计

选中数码管 1，输出 0 的字形码到 P2 端口，延时一定时间后，选中数码管 2，输出 6 的字形码到 P2 端口。以上操作完成后数码管上就会显示数字 60。程序将循环执行，使数码管持续显示 60。

参考程序指令如下：

```
ORG   0000H
MAIN：
      CLR   P3.1
      MOV   P2,#3FH
      LCALL   DELAY
      SETB   P3.1
      CLR   P3.0
      MOV   P2,#7DH
      LCALL   DELAY
      SETB   P3.0
      LJMP   MAIN
DELAY：MOV   R1,#100
D0：   MOV   R2,#255
      DJNZ   R2,$
      DJNZ   R1,D0
      RET
      END
```

3. 编译验证

（1）用 Keil 软件编译程序。

（2）连接硬件电路。

（3）烧录程序。

（4）运行调试，验证程序。

【任务拓展】

用动态显示方式设计并实现剩余车位数倒计时的程序。

任务三　停车场车辆实时显示系统设计

【任务描述】

停车场车辆实时显示系统设计是基于 MCS-51 系列单片机开发板模拟的一种系统，它涵盖了硬件电路设计和软件设计两个方面。通过安全检测与车位显示，该系统不仅能提醒出入口车辆与行人的安全，还能实时展示停车场内的剩余车位数，并提供车位引导功能。这样的智能化设计可提高停车场管理的便利性与效率。

【学习目标】

1. 知识目标

（1）掌握中断初始化及中断应用程序的编写。

（2）掌握数码管显示程序的编写。

（2）掌握将硬件电路和程序编写相互配合的方法，构建完整的停车场车辆实时显示系统。

2. 技能目标

（1）能够熟练使用 Keil 软件进行程序设计。

（2）能够熟练掌握 Proteus 软件仿真方法。

【任务分析】

完成本任务需 2 个学时。通过车辆入库安全检测程序设计和剩余车位显示程序设计，编写出停车场车辆实时显示系统程序。将硬件电路和程序有机地结合在一起，以实现停车场车辆实时显示的功能。在硬件电路的设计中，需要合理选择和布局各个元件，确保它们能够正常工作并相互配合。在程序编写的过程中，需要根据硬件电路的特点和需求，编写逻辑清晰、高效可靠的代码。将本项目的任务一和任务二组合为停车场实时显示系统，实现停车场实时显示系统仿真效果，从而将中断系统应用到生活实际中来。本任务制订了工作任务流程如图 5-19 所示。

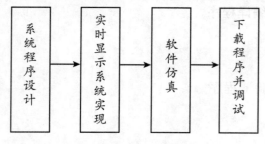

图 5-19　工作任务流程图

【任务实施】

1. 梳理编程思路

使用单片机开发板来模拟停车场车辆实时显示系统；使用单片机、数码管、蜂鸣器和按键等硬件电路模块；利用数码管来模拟剩余车位显示屏，通过按键模拟车辆的出入库，使用蜂鸣器发出报警声。当按键按下时，表示有车辆出入车库，蜂鸣器会发出报警声，两位数码管会实时显示剩余车位数的状态。当车辆进入时，数码管的状态减 1；当车辆驶出时，数码管的状态加 1。

根据中断原理搭建硬件电路：P3.2 和 P3.3 接入按键，通过按键按下来模拟车辆的出入库；P1.0 接入蜂鸣器，P3.2 接入一按键用于控制，当按键按下时发出报警信号，在一定时间后停止报警。使用 P0 口来接多位数码管的段选端，控制输出字形，P2.0 和 P2.1 引脚则接入数码管的位选端，用作片选信号。停车场车辆实时显示系统硬件电路的设计如图 5-20 所示。

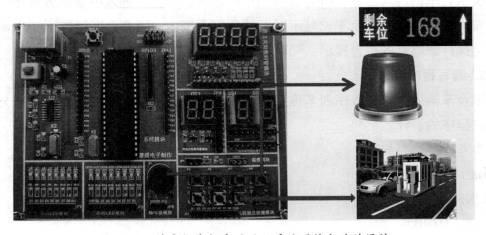

图 5-20　停车场车辆实时显示系统硬件电路的设计

2. 绘制程序流程图

主程序采用中断服务主程序结构，结合车辆入库检测程序和双位数码管显示程序结构，绘制出本项目的程序流程如图 5-21 所示。

图 5-21　程序流程图

　　程序开始后，执行主程序，双位数码管会被赋予显示的初始值。当进库键按下时，表示有车辆进入车库，CPU 接收到中断请求信号后，进入中断服务程序，蜂鸣器会发出报警提示，剩余车位显示屏上的数字会减 1。如果出库键按下，中断服务程序会执行蜂鸣器的报警提示，同时剩余车位显示的数字会加 1。

3. 编写程序

　　综合车辆入库提醒程序和车位数显示程序，根据硬件电路和程序结构来分步完善系统程序的设计。

　　参考程序指令如下：

```
ORG   0000H
LJMP  MAIN
ORG   0003H
LJMP  ZD0
ORG   0013H
LJMP  ZD1
MAIN:
     SETB  EA
     SETB  EX0
     SETB  EX1
     SETB  IT0
     SETB  IT1
     MOV   R0,#99
```

```
XS：   MOV   A,R0
       MOV   B,#10
       DIV   AB
       MOV   30H,#1
       MOV   31H,A
       LCALL  XSYG
       LCALL  DELAY
       MOV   30H,#0
       MOV   31H,B
       LCALL  XSYGLCALL  DELAY
       LJMP  XS
XSYG：  MOV   P0,#0FFH
        MOV   A,30H
        MOV   DPTR,#WEI
        MOVC  A,@A+DPTR
        MOV   P2,A
        MOV   A,31H
        MOV   DPTR,#DUAN
        MOVC  A,@A+DPTR
        MOV   P0,A
        RET
ZD0：
     SETB   P1.0
     MOV   R7,#10
L0：  MOV   R6,#250
L1：  MOV   R5,#200
L2：  DJNZ   R5,L2
     DEC   R0
     CJNE   R0,#-1,ZD0H
     MOV   R0,#0
ZD0H：  RETI
ZD1：
     SETB   P1.0
     MOV   R7,#10
M0：  MOV   R6,#250
```

```
M1:   MOV   R5,#200
M2:   DJNZ  R5,M2
      DJNZ  R6,M1
      DJNZ  R7,M0
      CLR   P1.0
      CJNE  R0,#99,ZD1H
      SJMP  ZD1L
ZD1H: INC   R0
ZD1L: RETI
DELAY:
      MOV   R4,#10
D2:   MOV   R3,#100
D1:   DJNZ  R3,D1
      DJNZ  R4,D2
      RET
WEI:  DB    0FEH,0FDH
DUAN: DB    0C0H,0F9H,0A4H,0B0H
      99H,92H,82H,0F8H,80H,90H
      END
```

将车辆入库检查程序和两位数码管动态显示程序相结合。首先从程序存储器起始地址 0000H 开始，由 LJMP 进入主程序 MAIN，对数码管进行显示初值设置，进行中断初始化，开放外部中断 0 和外部中断 1，设置触发方式，开放中断系统。当有按键按下时（表示有车辆入库或出库），马上进入中断入口地址 0003H 或 0013H，由 LJMP ZD0 或 ZD1 进入中断服务程序，蜂鸣器发出报警提示，数码管初始值减 1 或加 1，报警声停止，然后用 RETI 指令返回中断，等待下一次按键按下（也就是有车辆出入库），最后用 END 结束整个程序。

4. 软件仿真

本任务的仿真电路如图 5-22 所示。具体步骤如下：

（1）用 Keil 软件编译程序

（2）连接硬件电路。

（3）下载程序。

（4）运行调试。

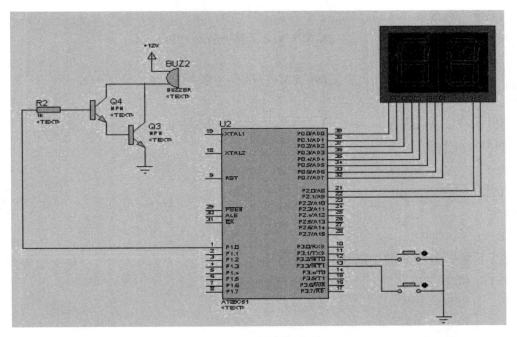

图 5-22　仿真电路图

5. 下载程序并验证功能

将单片机插到电路板的 DIP40 IC 插座上，将 HEX 文件下载到单片机芯片中，在电源和接地端加上+5V 直流稳压电源，观察实际效果。

知识链接

一、中断服务程序设计的任务

1. 中断前

进行中断的初始化设置，在主程序中完成，有以下执行任务：

（1）设置中断允许控制寄存器 IE。

（2）设置中断优先级寄存器 IP。

（3）对外中断源，设置触发方式，即选择采用电平触发还是下降沿触发。

2. 中断后

中断的服务程序，是一个子程序，有以下执行任务：

（1）进入中断服务子程序入口，关中断，进行现场保护。

（2）根据中断请求源，编写中断服务程序。

（3）退出中断服务前，恢复现场，开中断。

二、中断处理的主程序结构

常用的主程序结构如下：

ORG　0000H

```
        LJMP    MAIN
        ORG     X₁X₂X₃X₄H              ;X₁X₂X₃X₄H 为某中断源的中断入口
        LJMP    INT
                                      ;INT 为某中断源的中断入口标号
            ⋮
        ORG     Y₁Y₂Y₃Y₄H              ;Y₁Y₂Y₃Y₄H 为主程序入口
    MAIN: 主程序
    ……
    INT: 中断服务子程序
    ……
    RETI
```

以下是一个典型的中断服务程序结构：

```
    INT:  CLR    EA                   ;CPU 关中断
          PUSH   PSW                  ;现场保护
          PUSH   ACC
          SETB   EA                   ;CPU 开中断
          ……（中断处理程序段）
          CLR    EA                   ;CPU 关中断
          POP    ACC                  ;现场恢复
          POP    PSW
          SETB   EA                   ;CPU 开中断
          RETI                        ;中断返回,恢复断点
```

几点说明：

（1）现场保护仅涉及 PSW 和 A 的内容，如还有其他需保护的内容，只需要在相应的位置再加几条 PUSH 和 POP 指令即可。

（2）"中断处理程序段"，应根据任务的具体要求来编写。

（3）如果本中断服务程序不允许被其他的中断所中断。可将"中断处理程序段"前后的"SETB EA"和"CLR EA"两条指令去掉。

（4）中断服务程序的最后一条指令必须是返回指令"RETI"。

【任务拓展】

停车场车辆实时显示系统中，为了模拟车辆的出入车库，使用了按键来触发相应的操作。现在假设你是该系统的设计者，请思考一下，除了按键，还有哪些其他的传感器或设备可以更准确地检测车辆的进出呢？

项目六　定时器/计数器的应用

【项目描述】

本项目要求制作一个按照指定要求能够完成工件计数的计数器和一个按照指定要求能够完成定时的 1 位秒表。首先，掌握单片机定时器/计数器的工作原理及工作方式，然后应用不同的工作方式来实现单片机定时/计数的功能。通过本项目的学习，可以初步掌握定时器/计数器的程序编写。

任务一　工件计数器设计

【任务描述】

有一包装流水线，产品每计数 24 瓶时发出一个包装控制信号，控制后续工序打包。试编写程序用 T0 完成这一计数任务，通过 P1.0 发出打包控制信号。工件计数器如图 6-1 所示。

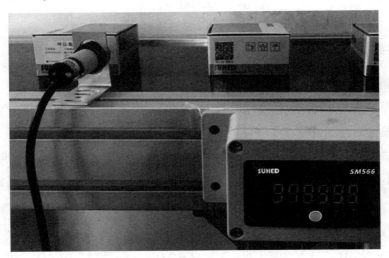

图 6-1　工件计数器

【学习目标】

1. 知识目标

（1）了解单片机定时器/计数器的结构。

（2）掌握单片机定时器/计数器的工作方式及其在计数程序设计中的应用。

2. 技能目标

（1）能够运用相关软件对定时器/计数器进行编程调试。

（2）能够分析和解决定时器/计数器的计数程序设计问题。

（3）能够编写定时器/计数器的初始化程序。

【任务分析】

在这个任务中，需要用定时器/计数器来模拟流水线上的计数器，需要思考计数器的计数值是多少？计数初值是多少？用哪一种工作方式更合适呢？需要设置定时器/计数器工作的方式控制寄存器（TMOD）的哪些位？包装控制信号用什么来模拟？本任务制订了工作任务流程如图6-2所示。

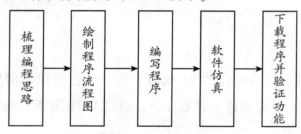

图6-2　工作任务流程图

【任务实施】

1. 梳理编程思路

首先，程序编写时分为主程序和中断程序，在主程序里面需要对定时器/计数器做初始化操作。

本任务描述中提到产品每计数24瓶时发出一个包装控制信号，说明计数值$M=24$，且需要不断重复这个过程，所以这里使用工作方式2最适合。以定时器/计数器T0为例，选择计数模式、工作方式2，故 GATE = 0，M1M0 = 10，$C/\overline{T}=1$，即 TMOD = 00000110B = 06H。

公式：$N=2^8-M$，计数初值 $N=2^8-M=256-24=232=0E8H$，故 TH0 = TL0 = 0E8H。

通过指令将P1.0置1来模拟发出包装控制信号。

2. 绘制程序流程图（图6-3）

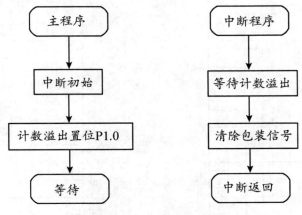

图6-3　程序流程图

3. 编写程序

参考程序指令如下：

```
ORG    0000H
LJMP   MAIN              ;跳转到主程序
ORG    000BH
LJMP   ZD0              ;跳转到包装信号程序
ORG    0100H
MAIN：  MOV    TMOD,#06H   ;设置定时器/计数器工作模式、方式
        MOV    TH0,#0E8H   ;设置计数初值
        MOV    TL0,#0E8H
        SETB   ET0         ;允许 T0 中断
        SETB   EA          ;CPU 开中断
        SETB   TR0         ;启动 T0 中断
        SJMP   $
ZD0：   SETB   P1.0        ;计数溢出发出包装控制信号
        NOP
        NOP
        CLR    P1.0        ;P1.0 清零，开始下一轮计数
        RETI
        END
```

4. 软件仿真

本任务的仿真电路如图6-4所示。由学生自己动手进行软件仿真，并调试程序。

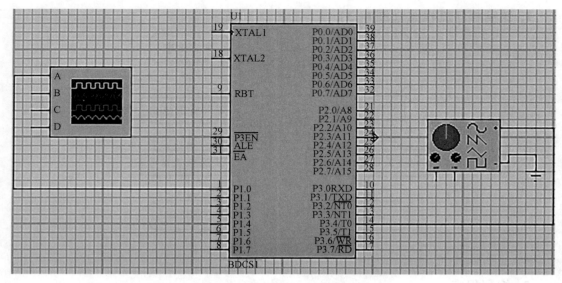

图 6-4　仿真电路图

5. 下载程序并验证功能

将单片机插到电路板的 DIP40 IC 插座上，将 HEX 文件下载到单片机芯片中，在电源和接地端加上 +5V 直流稳压电源，观察实际效果。

知识链接

一、定时器/计数器的结构（图 6-5）

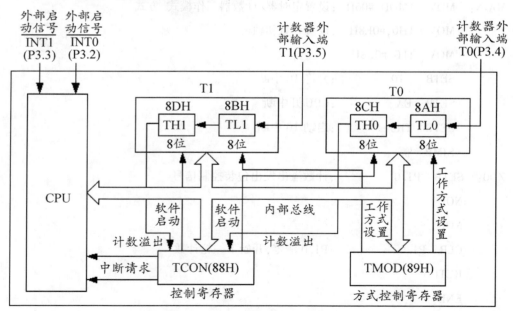

图 6-5　定时器/计数器的结构

图 6-5 是 MCS-51 系列单片机定时器/计数器的内部结构图。MCS-51 系列单片机共有 2 个 16 位的定时器/计数器，分别是定时器/计数器 T0 和定时器/计数器 T1。每个定时器/计数器的实质是一个 16 位的加 1 计数器，由 2 个特殊功能寄存器 TH0/TH1（高 8 位）和 TL0/TL1（低 8 位）组成，T0 由 TH0 和 TL0 组成，T1 由 TH1 和 TL1 组成，该寄存器用于存放定时或计数前的初始值。

在控制定时器/计数器的工作方式和启动方式方面，有 2 个重要的寄存器。

（1）TMOD 寄存器，用于控制定时器/计数器的工作方式、选择计数脉冲源及设置工作模式。

（2）TCON 寄存器，用于启动和停止定时器/计数器，同时还设置了所有中断源的溢出标志。

定时器/计数器既可以作为定时器工作在定时模式，也可以作为计数器工作在计数模式。2 种模式下输入的脉冲来源不同，定时器/计数器的工作模式如图 6-6 所示。

（1）定时模式：时钟脉冲是由系统内部时钟振荡器输出脉冲经 12 分频后得到的，称为机器周期脉冲，用于定时。这个脉冲时间是固定的，一般是 1 μs。

（2）计数模式：计数脉冲是 T0 或 T1 引脚输入的外部脉冲源，每来 1 个脉冲，计数器就加 1，用于计数。这个脉冲是不固定的。

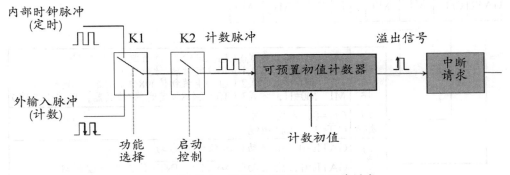

图 6-6　定时器/计数器的工作模式

当计数器所有位全为二进制数 1 时，再输入一个脉冲，计数器就会产生溢出，并向 CPU 发出一个溢出信号请求中断。同时，计数器归零，产生的溢出信号使定时器/计数器控制寄存器 TCON 中的 TF0 或 TF1 标志位置 1。如果定时器/计数器用作定时器时，溢出信号表示定时时间已到，如果用作计数器时，溢出信号表示计数值已满。

在定时模式下，可以对机器周期脉冲进行计数，每经过一个机器周期，计数器加 1，直到计数器溢出。由于一个机器周期由 12 个时钟周期组成，所以计数频率为时钟频率的 1/12。计数值乘以机器周期就是定时时间。例如，定时模式下的计数初值为 100，一个机器周期为 1 μs，则定时时间＝溢出值−100×1 μs。

在计数模式下，对外部计数脉冲进行计数。外部计数脉冲由 T0（P3.4）或者 T1（P3.5）引脚输入，外部脉冲的下降沿触发计数。例如，计数模式下的计数初值为 100，计数值＝溢出值−100。

二、定时器/计数器的寄存器

1. 定时器/计数器的工作方式控制寄存器 TMOD

特殊功能寄存器 TMOD 字节地址为 89H。低 4 位用于 T0 的设置，高 4 位用于 T1 的设置，其格式如图 6-7 所示。

89H	D7	D6	D5	D4	D3	D2	D1	D0
TMOD	GATE	C/T	M1	M0	GATE	C/T	M1	M0

图 6-7　TMOD 寄存器的各位格式

TMOD 寄存器只能字节寻址，复位时，TMOD = 00H。其每位含义如图 6-8 所示。

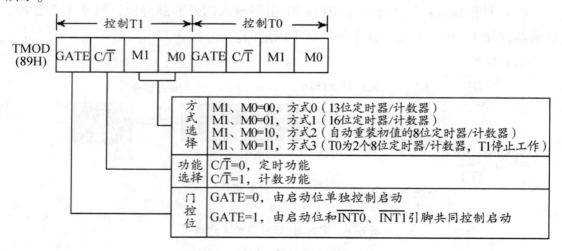

图 6-8　TMOD 寄存器的各位含义

1）GATE：门控位

GATE = 0 时，只要用软件使 TCON 中的 TR0 或 TR1 为 1，就可以启动定时器/计数器工作；GATE = 1 时，要用软件使 TR0 或 TR1 为 1，同时外部中断引脚$\overline{INT0}$或$\overline{INT1}$也为高电平，才能启动定时器/计数器工作，即此时定时器/计数器的启动要夹$\overline{INT0}$或$\overline{INT1}$引脚为高电平。

$C/\overline{T}$：定时器/计数器模式选择位。当 $C/\overline{T}=0$ 时为定时模式；当 $C/\overline{T}=1$ 时为计数模式。

2）M1M0：工作方式选择位

定时器/计数器有 4 种工作方式，由 M1 和 M0 进行设置，见表 6-1。

表 6-1　工作方式一览表

M1M0	工作方式	功能描述
00	方式 0	13 位定时器/计数器；TH0（8 位）+TL0（低 5 位）
01	方式 1	16 位定时器/计数器；TH0（8 位）+TL0（8 位）
10	方式 2	自动重装初值的 8 位定时器/计数器；TH0 为初值缓冲器，TL0 为计数器
11	方式 3	T0 分成 2 个独立的 8 位定时器/计数器；T1 停止计数

由于 TMOD 不能进行位寻址，所以只能用字节指令（8 位数据传送指令）设置定时器/计数器的工作方式。复位时 TMOD 所有位清零。例如：

    MOV   TMOD,#01H   ;设置 T0 为定时模式且工作于方式 1

2. 定时器/计数器控制寄存器 TCON

TCON 的低 4 位与外部中断设置相关。TCON 的高 4 位用于控制定时器/计数器的启动和中断申请，字节地址为 88H，可位寻址，位地址为 88H～8FH。其格式如图 6-9 所示。

	D7	D6	D5	D4	D3	D2	D1	D0
	8FH	8EH	8DH	8CH	8BH	8AH	89H	88H
TCON	TF1	TR1	TF0	TR0	IE1	IT1	IE0	IT0

图 6-9　TCON 寄存器的各位格式

TCON 寄存器复位时，TCON=00H。其各位含义如图 6-10 所示。

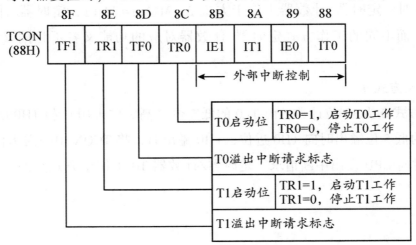

图 6-10　TCON 寄存器的各位含义

CPU 可以通过字节指令来设定 TCON 中各位状态，也可以通过位操作类指令对其置 1 或清零。

例如：需要启动 T0 则可以通过"MOV TCON，#10H"和"SETB TR0"指令来进行设置。当单片机复位时，TCON 所有位均被清零。

（1）TR0：定时器/计数器 T0 运行控制位。可以由软件设置为 0 或 1。当该位为 1 时，表示 T0 开始工作；该位为 0 时，表示 T0 停止工作。

（2）TR1：定时器/计数器 T1 运行控制位。其作用与 TR0 类似。

注意：对定时器/计数器的启动控制还与 GATE 位有关，分为 2 种情况：

①直接由软件控制启动或停止：GATE 位为 0 时，定时器/计数器的启动只由软件设置 TR0 或 TR1 即可。

②由外部输入控制启动或停止：GATE 位为 1 时，定时器/计数器的启动除了需要软件设置 TR0 或 TR1 以外，还得要求$\overline{\text{INT0}}$、$\overline{\text{INT1}}$引脚为高电平。

（3）TF0：T0 溢出中断请求标志位。当 T0 被启动，则从初值开始计数，直至计数溢出后由硬件使 TF0 为 1，向 CPU 发出中断请求，此标志一直保持到 CPU 相应中断后，才由硬件自动清零。在 T0 工作时，CPU 可以随时查询 TF0 的状态。例如：JB TF0，LOOP。因此，TF0 可以作查询测试的标志。

（4）TF1：T1 溢出中断请求标志位，其作用与 TF0 类似。

三、定时器/计数器的工作方式

定时器/计数器的工作方式是由 TMOD 中的 M1M0 这两位来决定的，M1M0 = 00 时，定时器/计数器工作于方式 0，M1M0 = 01 时，定时器/计数器工作于方式 1，M1M0 = 10 时，定时器/计数器工作于方式 2，M1M0 = 11 时，定时器/计数器工作于方式 3，而不同的工作方式定时器/计数器对应的功能又各不相同（表 6-1 已介绍）。

1. 工作方式 0

工作方式 0 为 13 位计数，由 TL0 的低 5 位（高 3 位未用）和 TH0 的高 8 位组成。TL0 的低 5 位溢出时向 TH0 进位，TH0 溢出时，将 TCON 中的溢出标志位 TF0 置 1，同时向 CPU 发出中断请求。定时器/计数器 T0 工作于方式 0 的结构如图 6-11 所示。

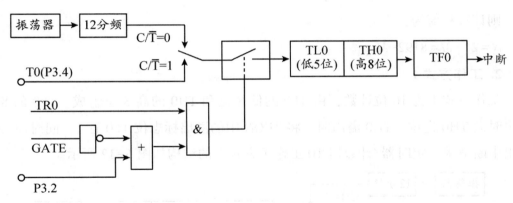

图 6-11 定时器/计数器 T0 工作于方式 0 的结构

1）工作原理

当 GATE＝0 时，引脚 $\overline{INT0}$ 的输入信号不起作用，定时计数器 T0 是否工作只由 TR0 决定。当 TR0＝1 时，启动 T0 工作，T0 在初值的基础上做加法计数，直至溢出。溢出时，TF0 置 1，并申请中断。若 TR0＝0，则切断控制开关，T0 停止工作。

当 GATE＝1 时，与门的输出是否为 1 要由 $\overline{INT0}$ 和 TR0 共同决定。当 $\overline{INT0}$ 和 TR0 同时为 1 时，与门输出为 1，接通控制开关，T0 开始工作；$\overline{INT0}$ 和 TR0 中有一个为 0 时，与门输出为 0，控制开关被切断，T0 停止工作。该种方式可以用来测量外部 $\overline{INT0}$ 引脚上正脉冲宽度。

2）定时器/计数器初值计算

当用作定时器时，对机器周期进行计数，从而实现定时功能，其定时时间 T 的计算如下：

$T=$（$2^{13}-$初值）×机器周期

机器周期＝时钟周期×12

由此得到初值公式如下：

初值＝$2^{13}-T/$机器周期

或

初值＝$2^{13}-T/$（时钟周期×12）

将初值转换为二进制数，将其低 5 位二进制数送入 TL0，高 8 位二进制数送入 TH0，即完成定时初值的设定。

当用作计数器时，外部计数脉冲由引脚 T0（也就是 P3.4）输入，每输入 1 个下降沿，计数值加 1。设计数初值为 N，则计数值 M 为：

$M=2^{13}-N=8192-N$

则计数初值为：

$$N = 2^{13} - M = 8192 - M$$

2. 工作方式 1

工作方式 1 为 16 位计数，由 TL0 的低 8 位和 TH0 的高 8 位组成。TL0 的 8 位溢出时向 TH0 进位，TH0 溢出时，将 TCON 中的溢出标志位 TF0 置 1，同时向 CPU 发出中断请求。定时器/计数器 T0 工作于方式 1 的结构如图 6-12 所示。

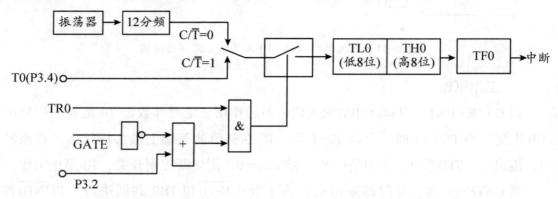

图 6-12　定时器/计数器 T0 工作于方式 1 的结构

其工作原理与工作方式 0 相同。各初值计算公式与工作方式 0 相同，只需将 2^{13} 改成 2^{16}。

3. 工作方式 2

在工作方式 0 和工作方式 1 中，当定时器/计数器溢出时，TH0 和 TL0 值均清零，定时器/计数器再次运行时，需要在程序中重新送入初值并控制运行。而工作方式 2 为自动重装初值的 8 位计数方式。定时器/计数器 T0 工作于方式 2 的结构如图 6-13 所示。

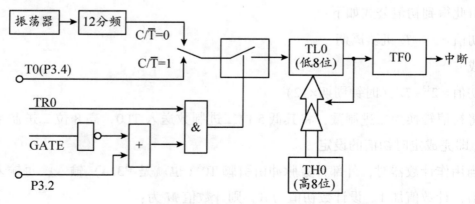

图 6-13　定时器/计数器 T0 工作于方式 2 的结构

工作方式 2 的控制方式与工作方式 0 和工作方式 1 类似，区别在于：工作方式 2 是 8 位计数方式，因此其初值只需要装入一个寄存器，此时 TH0 和 TL0 是两个不同任务的寄存器，TL0 进行 8 位计数操作，TH0 作为定时器/计数器初值的缓冲器。初始化时 TH0 和 TL0 被赋予相同的初值，TL0 计数溢出，使 TF0 置 1，同时将 TH0 中所保存的初值装入到 TL0 中，计数重新开始，从而完成自动重装初值的过程，因此省去了用户软件中重装初值的程序。

各初值计算公式与工作方式 0 相同，只需将 2^{13} 改成 2^8。

4. 工作方式 3

工作方式 3 只适用于定时器/计数器 T0，TH0 和 TL0 被分为两个独立的 8 位定时器/计数器，而 T1 处于方式 3 时相当于 TR1＝0，停止计数。定时器/计数器 T0 工作于方式 3 的结构如图 6-14 所示。

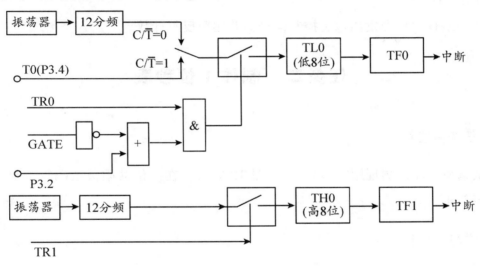

图 6-14　定时器/计数器 T0 工作于方式 3 的结构

工作方式 3 中，TL0 可以作为定时器或计数器使用，占用 T0 的全部资源（使用 T0 的所有控制位：GATE，C/T，TR0，TF0 和 $\overline{\text{INT0}}$），其控制过程与 T0 在工作方式 0 和工作方式 1 时的过程相同。

工作方式 3 中，TH0 固定为定时方式（不能进行外部计数）。由于 T0 的所有资源已被 TL0 占用，TH0 工作时借用 T1 的控制位 TR1 和 TF1，TH0 的启动和停止受 TR1 控制，TH0 的溢出将置位 TF1。

各初值计算公式与工作方式 0 相同，只需将 2^{13} 改成 2^8。

四、定时器/计数器程序初始化

程序编写时分为主程序和中断程序，在主程序里面需要对定时器/计数器做初始化操作，具体步骤如下：

1. 确定定时器/计数器的工作方式控制字，写入 TMOD 寄存器，指令如下：

MOV　TMOD,#DATA

2. 根据题意确定定时/计数的初值，并装入 TH1 和 TL1 寄存器中，指令如下：

MOV　TH1,#DATA　　　　　;装入定时器高 8 位初值

MOV　TL1,#DATA　　　　　;装入定时器低 8 位初值

3. 设置定时器/计数器中断允许位，指令如下：

SETB　EA　　　　　　　;开总中断允许

SETB　ET1　　　　　　　;开对应定时器/计数器的中断允许位

4. 启动定时器/计数器，指令如下：

SETB　TR1

在中断程序里面发出包装控制信号，并实现反复计数。

任务二　制作 1 位秒表

【任务描述】

试编写程序，实现用定时器/计数器 T0 定时，在一位共阳极数码管上显示 0 ~
9 s循环计时。

【学习目标】

1. 知识目标
掌握单片机定时器/计数器的工作方式及其在定时程序设计中的应用。

2. 技能目标
（1）能够运用相关软件进行编程调试。

（2）能够分析和解决定时器/计数器的定时程序设计问题。

（3）能够编写定时器/计数器的定时程序。

【任务分析】

在这个任务中，需要用定时器/计数器来实现定时，那么需要思考定时器的定
时时间是多少？定时初值应该设置为多少？用哪一种工作方式更合适呢？需要设置

TMOD 的哪些位？如何在数码管上去显示 1 位数字？本任务的工作任务流程如图 6-15 所示。

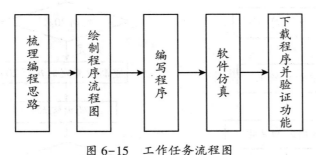

图 6-15　工作任务流程图

【任务实施】

1. 梳理编程思路

任务要求用定时器/计数器 T0 定时，在一位共阳极数码管上显示 0~9 s 循环计时。说明定时时间是 1 s，在定时器的所有工作方式中，定时时间最长的是工作方式 1，所以本任务使用工作方式 1 最适合。工作方式 1 最大定时时间不到 1 s，所以这个地方需要多次定时来达到定时 1 s 的要求。假设一次定时 50 ms，循环定时 20 次可以达到定时 1 s 的目的。

以定时器/计数器 T0 为例，选择定时模式、工作方式 1，故 GATE = 0，M1M0 = 01，$C/\overline{T} = 0$，即 TMOD = 00000001B = 01H。

定时初值 = 2^{16} - 定时时间 T/机器周期 = 65536 - 50000 = 15536 = 3CB0H，故 TH0 = 3CH，TL0 = 0B0H。

在数码管上显示 1 位数字，我们这里采用查表法来实现，用 INC 指令来实现定时时间到显示数值就自动加 1。

编写程序时，将主程序和中断程序分开处理。主程序负责对定时器/计数器进行初始化操作，并设置重复定时次数为 20 次。同时，将 R0 中需要显示的数字送入累加器 A 中，通过查表指令将其显示在 P0 口上。中断程序则负责检查重复定时 20 次是否达到。若未达到，中断返回等待定时时间结束；若达到，重新定时 20 次，并将 R0 中的内容加 1。然后判断 R0 中的内容是否等于 10，如果不等于 10，则中断返回显示下一个数；若等于 10，则将 R0 置为 0，重新开始循环显示 0~9。

2. 绘制程序流程图

程序设计思路可以通过绘制流程图来更清晰地理解，如图 6-16 所示。

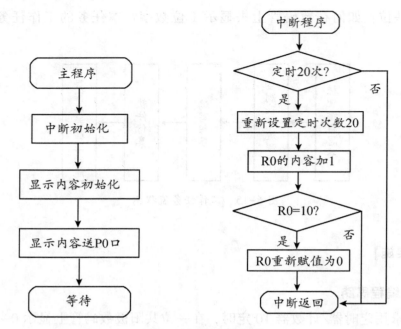

图 6-16　程序流程图

3. 编写程序

参考程序，指令如下：

```
ORG    0000H
LJMP   MAIN
ORG    000BH            ;定时/计数器 T0 中断入口地址
DJNZ   R7,EINT0
MOV    R7,#20
INC    R0               ;每隔 1 s R0 中的数自加 1
CJNE   R0,#10,EINT0
MOV    R0,#0
EINT0:
       RETI
MAIN:
       MOV    R7,#20
       MOV    TMOD,#01H     ;定时/计数器 T0 工作于方式 1
       MOV    TH0,#3CH      ;装入初值 3CB0H=15536
       MOV    TL0,#0B0H
       SETB   EA
       SETB   ET0
       SETB   TR0
```

NEXT:　　　　　　　　　　;将 R0 中的数显示在数码管上

　　　　MOV　A,R0

　　　　MOV　DPTR,#DUAN

　　　　MOVC　A,@ A+DPTR

　　　　MOV　P0,A

　　　　LJMP　NEXT

DUAN:　DB　0C0H,0F9H,0A4H,0B0H,99H,92H,82H,0F8H,80H,90H

　　　　END

4. 软件仿真

本任务的仿真电路如图 6-17 所示。

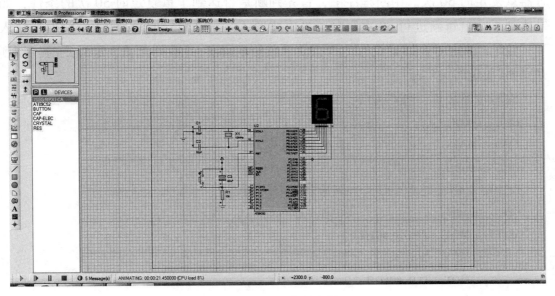

图 6-17　仿真电路图

5. 下载程序并验证功能

将单片机插到电路板的 DIP40 IC 插座上，将 HEX 文件下载到单片机芯片中，在电源和接地端加上+5V 直流稳压电源，观察实际效果。

知识链接

定时程序设计

实现用定时器/计数器 T0 定时，使 P1.7 引脚输出周期为 2 s 的方波信号，设系统的晶振频率为 12 MHz。

使 P1.7 引脚输出周期为 2 s 的方波，说明高电平和低电平的定时时间是一样的，即高低电平的定时时间都是 1 s，所以定时时间 $T=1$ s，所以这里使用工作方式 1 最适合。可设一次定时 20 ms，然后计数 50 次达到定时 1 s 的目的。

以定时器/计数器 T0 为例，选择定时模式、工作方式 1，故 GATE=0，M1M0=01，$C/\overline{T}=0$，即 TMOD=00000001B=01H。

定时初值 $=2^{16}-$ 定时时间 $T/$ 机器周期 $=65536-20000=45536=$ B1E0H，故 TH0=0B1H，TL0=0E0H。

通过反复定时 50 次来达到 1 s 的定时。

为了实现 1 s 的定时，需要通过反复定时 50 次来完成。在程序编写中，将主程序和中断程序进行分离。主程序负责对定时器/计数器进行初始化操作，并设置定时器重复定时 50 次。中断程序中，首先判断是否达到了重复定时 50 次的条件，如果达到了，就重新进行 50 次定时，输出波形，并重新给定时器/计数器赋值，进入下一轮 1 s 的定时；如果没有达到，就重新给定时器/计数器赋值，继续定时，直到完成 50 次定时。

编写定时程序，指令如下：

```
        ORG   0000H
        LJMP  MAIN              ;跳转到主程序
        ORG   000BH             ;T0 的中断入口地址
        LJMP  ZD0               ;转向中断服务程序
        ORG   0040H             ;主程序起始地址
MAIN:   MOV   TMOD,#01H
        MOV   TH0,#0B1H
        MOV   TL0,#0E0H
        MOV   R7,#50            ;设置计数次数为 50 次
        SETB  ET0
        SETB  EA
        SETB  TR0
        SJMP  $
ZD0:    DJNZ  R7,AA             ;计数次数是否满 50 次
        MOV   R7,#50            ;计满 50 次则重装 50 次到 R7
        CPL   P1.7              ;输出波形
AA:     MOV   TH0,#0B1H         ;没有计满 50 次则继续计数
        MOV   TL0,#0E0H
        RETI
        END
```

项目七　拓展应用

【项目描述】

本项目是单片机的拓展应用，主要包括单片机通信接口技术和单片机存储器扩展技术。通过本项目的学习，可以初步掌握单片机拓展应用的基本方法。

任务一　单片机通信接口技术

【任务描述】

掌握单片机通信接口技术的基本知识。

【学习目标】

1. 知识目标

（1）了解单片机通信基础。

（2）掌握单片机串行口结构。

2. 技能目标

掌握单片机串口工作过程。

【任务分析】

通过以图文并茂、微课的形式了解单片机通信基础，掌握单片机的串行口结构和串行口工作过程。

【任务实施】

导入：当我们在浏览网页时，看到一些有用的资料，想使用打印机把它打印出来，那么打印机是如何知道你要打印东西呢？打印机和电脑（PC）之间到底是如何建立通信，信号又是如何发送和接收呢？

其实，这个问题，要用到一个词语"通信"，我们平时打印资料，由 PC 机通过并行口实现对打印机的通信控制，即 PC 机将输出的数据内容通过并行口传送给打印机，这种通信就是利用 PC 机并行口建立通信协议，如图 7-1 所示。

图 7-1　电脑连接打印机打印图

一、单片机通信基础

1. 通信方式

计算机与外界的信息交换称为通信。它有两种基本方式：串行通信和并行通信。

串行通信是指所传送数据的各位按顺序一位一位地发送或接收，先传送低位后送高位，如图 7-2。串行通信的特点是线路简单、成本低，适合远距离通信，但传输速度慢。

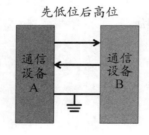

图 7-2　并行通信示意图

并行通信是指所传送数据的各位同时发送或接收，信息传输数据线的位数与数据的位数相等，如图 7-3。并行通信的特点是速度快，适合近距离传输，但占用数据线多，线路复杂，成本高。

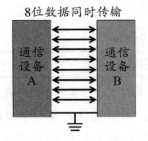

图 7-3 串行通信示意图

本任务主要介绍串行通信的相关内容。

2. 异步通信与同步通信

按照串行数据的时钟控制方式，串行通信可分为：异步通信和同步通信。

1）异步通信

异步通信的接收器和发射器有各自的时钟，它们的工作非同步，通信中双方时钟频率要求尽可能保持一致。异步通信以字符为单位进行数据传送，每一个字符均按固定的格式传送，这种传输单位又被称为帧。一帧信息包括起始位、数据位、奇偶校验位和停止位四部分，如图 7-4 所示。

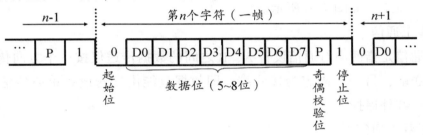

图 7-4 异步通信帧格式

起始位：发送器是通过发送起始位而开始一个字符的传送，起始位使数据线处于"space"状态，异步通信用起始位"0"表示字符的开始。

数据位：起始位之后就是传送数据位。在数据位中，低位在前、高位在后。数据位可以是 5、6、7 或 8 位。

奇偶校验位：用于对字符传送正确性检验。共有 3 种可能，即奇校验、偶校验和无校验。

停止位：停止位在奇偶校验位之后，为逻辑 1 高电平。停止位可能是 1、1.5 或 2 位，在实际应用中根据需要确定。

空闲位：空闲位和停止位一样是高电平，表示线路处于等待状态。两相邻字符帧之间可以无空闲位，也可有空闲位。

2）同步通信

同步通信的接收器和发射器由同一时钟源控制，同步传输方式去掉了异步传输的起始位和停止位，以数据块为单位进行数据传送，每个数据块包括同步字符、数据块和检验字符，如图 7-5 所示。

同步字符	数据字符 1	数据字符 2	数据字符 3	…	数据字符 n	校验字符

图 7-5　同步通信帧格式

同步字符位于数据块开头，用于确认数据字符的开始；接收时，接收端不断对传输线采样，并把采样到的字符与双方约定的同步字符比较，只有比较成功后才会把后面接收到的字符加以存储。

3. 异步通信和同步通信比较

同步通信传输方式比异步通信传输方式速度快，同步通信传输方式必须用一个时钟来协调收发器的工作，所以它的硬件设备复杂。

单片机的串口，即通用异步接收发送设备（UART）就是一种异步通信，SPI、IIC 就是同步通信。

4. 通信制式

在串行通信中，根据数据在两个站点之间的传送方向可以分三种制式：单工、半双工、全双工，如图 7-6 所示。

1）单工通信

单工通信是指两串行通信设备 A、B 之间的数据传送仅按一个方向传送，一个固定为发送端，另一个固定为接收端，即数据只能由发送设备单向传输到接收设备，例如：红外遥控。

2）半双工通信

半双工通信的数据传送是双向的，但任何时刻只能由其中的一方发送数据，另一方接收数据，例如：对讲机。

3）全双工通信

全双工通信的数据传送是双向的，两串行通信设备 A、B 之间的数据传送可按两个方向传送，且可同时进行发送和接收数据，例如：打电话。

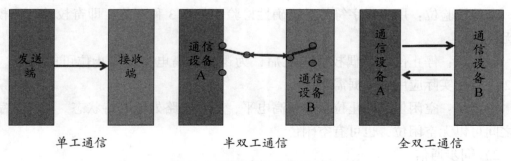

单工通信　　　　　　半双工通信　　　　　　全双工通信

图 7-6　3 种常见的通信制式

5. 波特率

衡量串行通信系统中数据传输的快慢程度可以通过波特率实现。

波特率可以理解为单位时间内传输码元符号的个数，单位为波特（Baud）。而每秒钟传送二进制数的位数定义为比特率，单位是 bps 或位/秒（b/s）。串口通信时一个比特是一个码元，所以波特率等同于比特率。例如，通信双方所传送数据的速率是每秒钟 240 个字符，每一字符包含 10 位（1 个起始位、8 个数据位、1 个停止位），则波特率为：240×10 = 2 400 bps

注意：相互通信的甲乙双方必须尽可能具有相同波特率，否则无法成功地完成串行数据通信。

二、单片机串行口结构

MCS-51 系列内部有一个可编程全双工串行通信接口。该部件不仅能同时进行数据的发送和接收，也可作为一个同步移位寄存器使用，还能方便地与其他计算机或外部设备进行双机或多机通信。

MCS-51 系列单片机的串行口主要由 2 个独立的串行口缓冲区寄存器（SBUF）、1 个输入移位寄存器、1 个串行口控制寄存器 SCON 和 1 个波特率发生器 TI 等组成。串行口结构框图如图 7-7 所示。

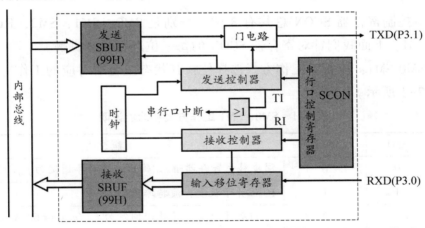

图 7-7　串行口结构框图

1. 串行口缓冲区寄存器 SBUF

SBUF 是串行口缓冲区寄存器，包括发送寄存器和接收寄存器，以便能以全双工方式进行通信。此外，在接收寄存器之前还有移位寄存器，从而构成了串行口接收的双缓冲结构，这样可以避免在数据接收过程中出现帧重叠错误。发送数据时，由于 CPU 是主动的，不会发生帧重叠错误，因此发送电路不需要双重缓冲结构。

在逻辑上，SBUF 只有一个，它既表示发送寄存器，又表示接收寄存器，具有同一个单元地址 99H。在物理结构上，则有两个完全独立的 SBUF，一个是发送寄存器，另一个是接收寄存器。如果 CPU 写 SBUF，数据就会被送入发送寄存器准备发送；如果 CPU 读 SBUF，则读入的数据一定来自接收寄存器。

2. 串行口控制寄存器 SCON

SCON 用于设置串行口的工作方式、检测串行口的工作状态、控制发送与接收的状态等。它是一个既可以字节寻址又可以位寻址的 8 位特殊功能寄存器。其格式如图 7-8 所示。

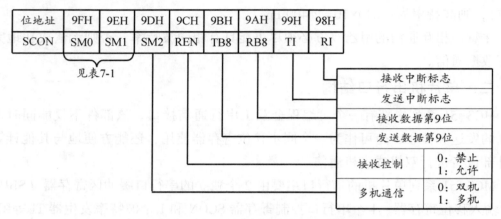

图 7-8　串行口控制寄存器 SCON 各位的格式

串行口控制寄存器 SCON 总共有 8 位，分别是 SM0，SM1，SM2，REN，TB8，RB8，TI，RI。下面我们针对寄存器 SCON 的每一位进行具体讲解。

（1）SM0 SM1：串行口工作方式选择位；其状态组合所对应的工作方式和功能说明如表 7-1 所示。

表 7-1　SM0、SM1 工作方式和功能说明

SM0	SM1	工作方式	功能说明
0	0	0	同步移位寄存器输入/输出，波特率固定为 $f_{osc}/12$
0	1	1	10 位异步收发，波特率可变
1	0	2	11 位异步收发，波特率固定为 f_{osc}/n（$n=64$ 或 $n=32$）
1	1	3	11 位异步收发，波特率可变

（2）SM2：多机通信控制器位。在方式 0 中，SM2 必须设为 0。在方式 1 中，当处于接收状态时，若 SM2 = 1，则只有接收到有效的停止位 "1" 时，RI 才能被激活为 "1"（产生中断请求）。在方式 2 和方式 3 中，若 SM2 = 0，串行口以单机发送或接收方式工作，TI 和 RI 以正常方式被激活并产生中断请求；若 SM2 = 1，RB8 = 1 时，RI 被激活并产生中断请求。

（3）REN：串行口接收允许控制位。该位由软件置位或复位。当 REN = 1，允许接收；当 REN = 0，禁止接收。

（4）TB8：方式 2 和方式 3 中要发送的第 9 位数据。该位由软件置位或复位。在多机通信中，以 TB8 位的状态表示主机发送的是地址或数据：TB8＝1 表示地址，TB8＝0 表示数据。TB8 还可用作奇偶校验位。

（5）RB8：方式 2 和方式 3 中，接收数据的第 9 位。RB8 也可用作奇偶校验位。在方式 1 中，若 SM2＝0，则 RB8 是接收到的停止位。在方式 0 中，该位未用。

（6）TI：发送中断标志位。TI＝1，表示已结束一帧数据发送，可由软件查询 TI 位标志，也可以向 CPU 申请中断。注意：TI 在任何工作方式下都必须由软件清零。

（7）RI：接收中断标志位。RI＝1，表示一帧数据接收结束。可由软件查询 RI 位标志，也可以向 CPU 申请中断。注意：RI 在任何工作方式下也都必须由软件清零。

在 8051 中，串行发送中断 TI 和接收中断 RI 的中断入口地址同是 0023H，因此在中断程序中必须由软件查询 TI 和 RI 的状态才能确定究竟是接收还是发送中断，进而作出相应的处理。单片机复位时，SCON 所有位均清零。

3. 电源控制寄存器 PCON

电源控制寄存器 PCON 也是 8 位的特殊功能寄存器，通常只是用最高位 SMOD。其各位的定义如表 7-2 所示。

表 7-2　电源控制寄存器 PCON 各位的定义

PCON	D7	D6	D5	D4	D3	D2	D1	D0
位名称	SMOD	—	—	—	GF1	GF0	PD	IDL

SMOD：串行口波特率倍增位。工作方式在方式 1、方式 2 和方式 3 时，若 SMOD＝1，则串行口波特率增加一倍；若 SMOD＝0，波特率不加倍。系统复位时，SMOD＝0。

三、单片机串行口工作过程

串行口是一种应用十分广泛的通信接口，串行口成本低、容易使用、通信线路简单，可实现两个设备的相互通信。单片机的串行口可以使单片机与单片机、单片机与电脑、单片机与各式各样的模块互相通信，极大地扩展了单片机的应用范围，增强了单片机系统的硬件实力。

我们已经知道 MCS-51 系列单片机有一个全双工串行通信接口，可实现单片机的串行口通信。那单片机的串口是如何工作的？

1. 串行口的 4 种工作方式

MCS-51 系列单片机的串行口共有 4 种工作方式，如表 7-1，分别为方式 0、方式1、方式2及方式3。采用何种工作方式主要靠串行口控制寄存器SCON中的SM0和SM1来决定，当然是通过编程控制。不同的工作方式，其一次传送的数据位多少不同，波特率的大小的设置也不同。

（1）当SM0＝0、SM1＝0时，串行口的工作方式为方式0。

在方式0下，串行口为同步移位寄存器的输入输出方式。主要用于扩展并行输入或输出口。数据由RXD（P3.0）引脚输入或输出，同步移位脉冲由TXD（P3.1）引脚输出。发送和接收均为8位数据，低位在先，高位在后。波特率固定为$f_{osc}/12$。方式0输出工作过程如图7-9所示。

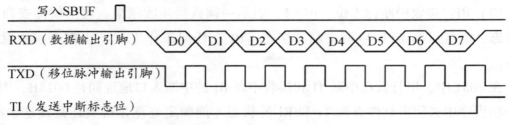

图7-9　方式0输出工作过程

（2）当SM0＝0、SM1＝1时，串行口的工作方式为方式1。

在方式1下，软件置REN为1时，接收器以所选择波特率的16倍速率采样RXD引脚电平，检测到RXD引脚输入电平发生负跳变时，则说明起始位有效，将其移入输入移位寄存器，并开始接收这一帧信息的其余位。接收过程中，数据从输入移位寄存器右边移入，起始位移至输入移位寄存器最左边时，控制电路进行最后一次移位。当RI＝0，且SM2＝0（或接收到的停止位为1）时，将接收到的9位数据的前8位数据装入接收SBUF，第9位（停止位）进入RB8，并置RI＝1，向CPU请求中断。方式1输入工作过程如图7-10所示。

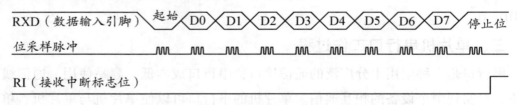

图7-10　方式1输入工作过程

（3）当SM0＝1、SM1＝0时，串行口的工作方式为方式2；当SM0＝1、SM1＝1时，串行口的工作方式为方式3。

方式2或方式3时为11位数据的异步通信口。TXD为数据发送引脚，RXD为数据接收引脚。方式2和方式3数据帧格式如图7-11所示。

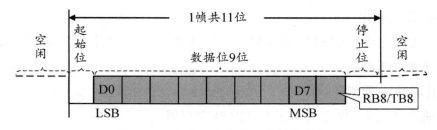

图 7-11 方式 2 和方式 3 数据帧格式

方式 2 和方式 3 起始位 1 位，数据 9 位（含 1 位附加的第 9 位，发送时为 SCON 中的 TB8，接收时为 RB8），停止位 1 位，一帧数据为 11 位。方式 2 的波特率固定为晶振频率的 1/64 或 1/32，方式 3 的波特率由定时器 T1 的溢出率决定。

方式 2 和方式 3 输出工作过程如图 7-12 所示。

发送开始时，先把起始位 0 输出到 TXD 引脚，然后发送移位寄存器的输出位（D0）到 TXD 引脚。每一个移位脉冲都使输出移位寄存器的各位右移一位，并由 TXD 引脚输出。

第一次移位时，停止位 "1" 移入输出移位寄存器的第 9 位上，以后每次移位，左边都移入 0。当停止位移至输出位时，左边其余位全为 0，检测电路检测到这一条件时，使控制电路进行最后一次移位，并置 TI＝1，向 CPU 请求中断。

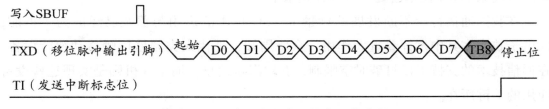

图 7-12 方式 2 和方式 3 输出工作过程

方式 2 和方式 3 输入工作过程如图 7-13 所示。

接收时，数据从右边移入输入移位寄存器，在起始位 0 移到最左边时，控制电路进行最后一次移位。当 RI＝0，且 SM2＝0（或接收到的第 9 位数据为 1）时，接收到的数据装入接收寄存器 SBUF 和 RB8（接收数据的第 9 位），置 RI＝1，向 CPU 请求中断。如果条件不满足，则数据丢失，且不置位 RI，继续搜索 RXD 引脚的负跳变。

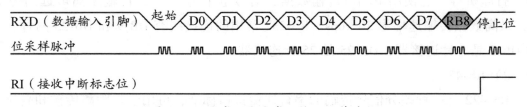

图 7-13 方式 2 和方式 3 输入工作过程

2. 串行口初始化

串行口工作之前，应对其进行初始化，主要是设置产生波特率的定时器 T1、串行口控制和中断控制。

初始化具体步骤如下：

（1）确定 T1 的工作方式（编程 TMOD 寄存器）；

（2）计算 T1 的初值，装载 TH1、TL1；

（3）启动 T1（编程 TCON 中的 TR1 位）；

（4）确定串行口控制（编程 SCON 寄存器）；

（5）串行口在中断方式工作时，要进行中断设置（编程 IE、IP 寄存器）。

知识链接

一、我国的 5G 技术

5G 即第五代移动通信技术。我国于 2019 年开始 5G 商用。5G 凭借其人、机、物、系统的万物互联能力，在诸多行业得以融合应用。5G 的三大应用场景包括增强移动宽带、超高可靠低时延通信、海量机器类通信。我国具有超高可靠、超低时延应用场景的 5G 技术已处于世界领先水平。

在我国通信行业不断发展的背景下，5G 技术的运用与普及已经成为了可能，而电子技术在其中发挥着重大作用。众所周知，现代人类频繁接触移动智能设备，在通信技术的支持下以打破时空限制，获取海量信息，而单片机则是实现这些设备应用的关键所在。

二、RS-232、RS-422 与 RS-485 接口标准及应用技术

1. 接口标准

RS-232、RS-422 和 RS-485 都是串行通信接口标准，用于在计算机和外部设备之间传输数据。它们之间的主要区别在于传输距离、速率和信号电平。

1）RS-232

RS-232 是最早的串行通信接口标准，常用于连接计算机和调制解调器、终端设备、打印机等。它使用单端口传输数据，信号电平为 ±12V，传输距离最远约为 15 m，最高数据传输速率为 20 kbps。RS-232 常用的连接线有 DB-9 和 DB-25 两种，其中 DB-9 是 9 针连接器，DB-25 是 25 针连接器。

2）RS-422

RS-422 是一种差分信号传输的串行通信接口标准，可用于长距离传输和高速率通信。它使用两对信号线（正负）进行数据传输，信号电平为 +2V～+6V 和 −6V～−

2V。RS-422 的传输距离最远约 1 200 m，在很短的传输距离下最高速率可达 10 Mbps。RS-422 常用于工业控制系统、远程监控和数据采集等领域。

3）RS-485

RS-485 也是一种差分信号传输的串行通信接口标准，与 RS-422 相似，但支持多点通信。它可以连接多个设备，每个设备都有一个独立的地址，可以进行全双工通信。RS-485 的信号电平和传输距离与 RS-422 相同，最高速率可达 10 Mbps。RS-485 常用于工业自动化、楼宇自控、安防系统等需要多点通信的场景。

2. 应用技术

1）硬件连接

RS-232 通常使用 DB-9 或 DB-25 连接器，通过串行线缆连接计算机和外部设备。

RS-422 和 RS-485 通常使用终端电阻和平衡线连接设备，可以使用不同的连接器，如 RJ-45。

2）通信协议

通信协议是定义数据传输格式和控制信号的规范。常见的通信协议包括 Modbus、Profibus、DMX 等。

通信协议可以根据应用需求进行定制，以满足特定的数据传输和控制要求。

3）信号转换

由于不同设备可能使用不同的串口标准，可能需要使用信号转换器进行转换，以实现不同标准之间的互连。

3. 总结

RS-232、RS-422 和 RS-485 是常用的串行通信接口标准，用于计算机和外部设备之间的数据传输。RS-232 适用于短距离、低速率的通信，RS-422 适用于长距离、高速率的通信，RS-485 适用于多点通信。在实际应用中，需要根据具体需求选择合适的接口标准，并结合适当的硬件连接、通信协议和信号转换技术来实现数据传输和控制。

【任务拓展】

编程实现将 U1 内部 RAM30H 中的数据通过串行口发送至 U2 的 P2 口显示在 8 位 LED 上，通信接口电路如图 7-14 所示。（已知 f_{osc} = 11.0592 MHz，要求使用串行口方式 1，波特率为 9 600 bps）

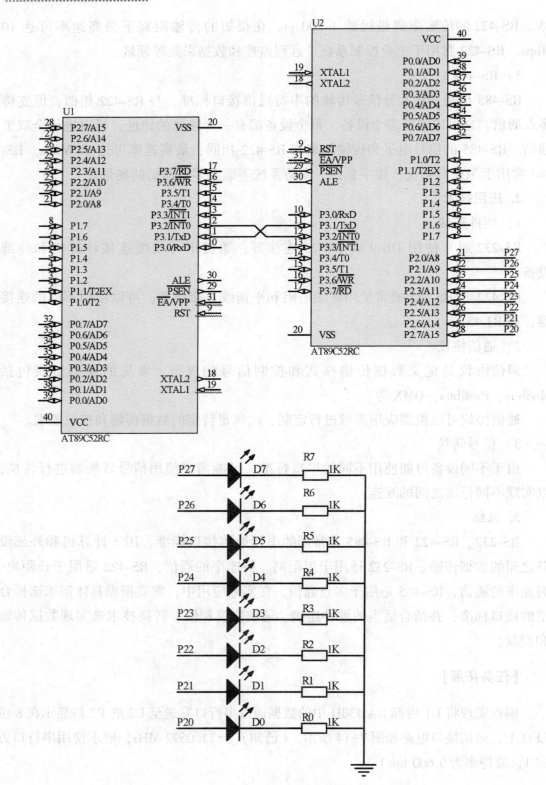

图 7-14　通信接口电路

任务二 单片机存储器扩展技术

【任务描述】

MCS-51 系列单片机的功能比较强，对于简单的控制直接使用自身功能就可满足要求，使用极为方便。对于一些较大的应用系统来说，MCS-51 系列单片机内部功能则略显不足，这时就需要在片外扩展一些外围功能芯片。在 MCS-51 系列单片机外围可扩展存储器芯片、I/O 接口芯片以及其他功能芯片。

【学习目标】

1. 知识目标

（1）理解 MCS-51 系列单片机扩展芯片寻址方式。

（2）了解 8255A 引脚功能及控制字编写。

2. 技能目标

（1）掌握单片机并行 I/O 端口扩展——8255A 扩展电路。

（2）掌握 8255A 扩展电路的初始化。

【任务分析】

MCS-51 单片机有 4 个存储器空间，它们是片内程序存储器、片外程序存储器、片内数据存储器、片外数据存储器。单片机内部存储器的容量有限，一般都比较小，当单片机的内部存储器的容量不能满足要求时，从单片机外部配置外部存储器，就成了应用系统的重要工作之一。

MCS-51 系列单片机片外数据存储器的空间可达 64 KB，而片内数据存储器的空间只有 128 B 或 256 B。如果片内的数据存储器不够用时，就需进行数据存储器的扩展。同理，MCS-51 系列单片机片外程序存储器的空间可达 64 KB，而片内程序存储器的空间只有 4 KB。其中 8051、8751 型单片机含有 4 KB 的片内程序存储器，而 8031 型单片机则无片内程序存储器。当采用 8051、8751 型单片机而程序超过 4 KB，或采用 8031 型单片机时，就需要进行程序存储器的扩展。

【任务实施】

存储器扩展的核心问题是存储器的编址问题。所谓编址就是给存储单元分配地址。由于存储器通常由多个芯片组成，为此存储器的编址分为两个层次：存储器芯片的选择和存储器芯片内部存储单元的选择。为进行存储器芯片选择，扩展芯片上都有一个甚至多个片选信号引脚（常用名为 CE 或 CS）。所以寻址问题就归结到如何产生有效的片选信号。常用的存储器芯片选择方法，有线选法和译码法两种。

1. 存储器芯片的选择——线选法

所谓线选法，就是直接以系统的地址线作为存储器芯片的片选信号，为此只需把用到的地址线与存储器芯片的片选端直接相连即可。常见线选法硬件连接图如图7-15 所示。

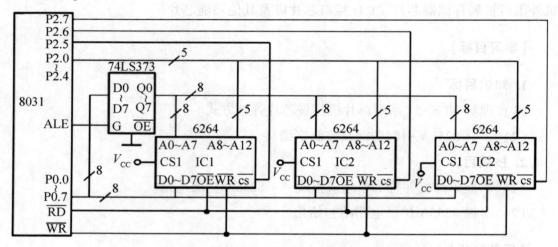

图 7-15　常见线选法硬件连接图

线选法寻址的最大特点是简单，适用于规模较小的单片机系统。

常见数据存储器芯片地址线与扩展容量关系，见表 7-3。

表 7-3　常见数据存储器芯片地址线与扩展容量关系

型号	容量	地址线数
6116	2 KB	11
6264	8 KB	13
62128	16 KB	14
62256	32 KB	15

以 6264 为例，6264 引脚图如图 7-16 所示，其工作方式如表 7-4 所示。

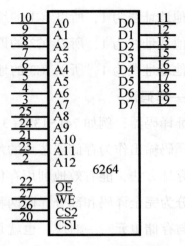

图 7-16　6264 引脚图

A0～A12：地址线引脚，可寻址 $2^{13}=8192=8\ \mathrm{KB}$。

D7～D0：数据线引脚，用于传送读写数据。

$\overline{\mathrm{CS_1}}$ 和 $\mathrm{CS_2}$：片选端，同时有效允许本芯片工作。

$\overline{\mathrm{OE}}$：读允许信号。

$\overline{\mathrm{WE}}$：写允许信号，低电平写入，高电平读出。

表 7-4　6264 的工作方式

工作方式	$\overline{\mathrm{CS_1}}$	$\mathrm{CS_2}$	$\overline{\mathrm{WE}}$	$\overline{\mathrm{OE}}$	功能
读出	0	1	1	0	从 6264 读出数据到 D7～D0
写入	0	1	0	1	将 D7～D0 数据写入 6264
未选通	1	1	×	×	输出高阻

线选法中各 6264 芯片的地址范围如表 7-5 所示。

表 7-5　线选法中各 6264 芯片的地址范围

6264 编号	A15	A14	A13	A12	A11	A10	A9	A8	A7	A6	A5	A4	A3	A2	A1	A0	地址范围
IC1 6264 （P2.5=0）	0	0	0	0	0	0	0	0	0	0	0	0	0	0	0	0	C000H
	0	0	0	1	1	1	1	1	1	1	1	1	1	1	1	1	DFFFH
IC2 6264 （P2.6=0）	0	0	1	0	0	0	0	0	0	0	0	0	0	0	0	0	A000H
	0	0	1	1	1	1	1	1	1	1	1	1	1	1	1	1	BFFFH
IC3 6264 （P2.7=0）	0	1	0	0	0	0	0	0	0	0	0	0	0	0	0	0	6000H
	0	1	0	1	1	1	1	1	1	1	1	1	1	1	1	1	7FFFH

选中 IC1，P2.5 = 0，其他地址线为 1，所以 IC1 的地址范围为 C000H ~ DFFFH。

选中 IC2，P2.6 = 0，其他地址线为 1，所以 IC2 的地址范围为 A000H ~ BFFFH。

选中 IC3，P2.7 = 0，其他地址线为 1，所以 IC3 的地址范围为 6000H ~ 7FFFH。

2. 存储器芯片的选择——译码法

所谓译码法就是使用地址译码器，例如 74LS138（3 线–8 线）译码器，对系统的片外地址进行译码，以其译码输出作为存储器芯片的片选信号，如图 7–17。

译码法是一种最常用的寻址方法，能有效地利用存储空间，适用于大容量、多芯片的系统扩展。译码法又分为完全译码和部分译码两种。完全译码是指地址译码器使用了全部地址线，地址与存储单元一一对应，也就是 1 个存储单元只占用 1 个唯一的地址。部分译码是指地址译码器仅使用了部分地址线，地址与存储单元不是一一对应，而是 1 个存储单元占用了几个地址。

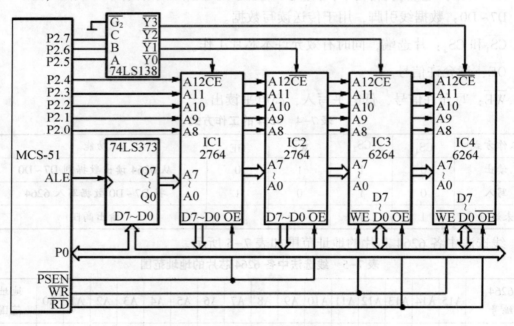

图 7–17　常见译码法硬件连接图

译码法中各芯片的地址范围如表 7-6 所示。

表 7-6　译码法中各芯片的地址范围

6264 编号	A15	A14	A13	A12	A11	A10	A9	A8	A7	A6	A5	A4	A3	A2	A1	A0	地址 范围
IC1 6264 (P2.5=0)	0	0	0	0	0	0	0	0	0	0	0	0	0	0	0	0	0000H ~ 1FFFH
	0	0	0	1	1	1	1	1	1	1	1	1	1	1	1	1	
IC2 6264 (P2.6=0)	0	0	1	0	0	0	0	0	0	0	0	0	0	0	0	0	2000H ~ 3FFFH
	0	0	1	1	1	1	1	1	1	1	1	1	1	1	1	1	
IC3 6264 (P2.7=0)	0	1	0	0	0	0	0	0	0	0	0	0	0	0	0	0	4000H ~ 5FFFH
	0	1	0	1	1	1	1	1	1	1	1	1	1	1	1	1	

选中 IC1，Y0=0，P2.7=0，P2.6=0，P2.5=0，其他地址线为 1，所以 IC1 的地址范围为 0000H~1FFFH。

选中 IC2，Y1=0，P2.7=0，P2.6=0，P2.5=1，其他地址线为 1，所以 IC2 的地址范围为 2000H~3FFFH。

选中 IC3，Y2=0，P2.7=0，P2.6=1，P2.5=0，其他地址线为 1，所以 IC3 的地址范围为 4000H~5FFFH。

3. I/O 口扩展技术

MCS-51 系列单片机共有 4 个 8 位并行 I/O 口，即 P0、P1、P2、P3。

P0 口在扩展片外存储器时作地址/数据分时复用总线，在不进行扩展时作一般准双向 I/O 口使用。

P1 口为通用准双向 I/O 接口。

P2 口在扩展片外存储器时作高 8 位地址总线，在无扩展时可用作通用准双向 I/O 接口。

P3 口除了作为通用准双向 I/O 使用外，还具有第 2 功能。

如果不能满足需要，可以进行扩展。扩展并行 I/O 口所用的主要芯片有 8255A、8155 等，图 7-18 是 8255A 的内部结构图，它是 Intel 公司生产的可编程并行 I/O 接口芯片。

8255A 具有 3 个 8 位并行 I/O 口，3 种工作方式，可通过编程改变其功能，因而使用灵活方便，通用性强，配合 74LS373 锁存器，可作为单片机与多种外围设备连接时的接口电路。

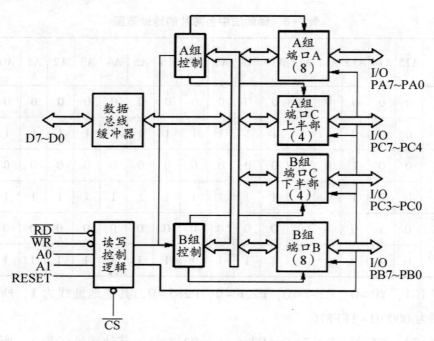

图 7-18　8255A 的内部结构图

8255A 具有 40 个引脚，包括数据线、输入/输出线以及控制信号线等，如图 7-19，其引脚功能如下。

（1）D7～D0：三态双向数据线，传送数据以及控制字。

（2）PA7～PA0：A 口输入/输出线。

（3）PB7～PB0：B 口输入/输出线。

（4）PC7～PC0：C 口输入/输出线。

（5）$\overline{CS}$：片选信号线，低电平有效，表示本芯片被选中。

（6）$\overline{RD}$：读出信号线，低电平有效，控制从 8255A 中读取输入数据。

（7）$\overline{WR}$：写入信号线，低电平有效，控制向 8255A 写入控制字或数据。

（8）A1、A0：地址线，用来选择 8255A 内部的 4 个端口。

（9）RESET：复位线，高电平有效。

（10）V_{cc}：+5V 电源。

地址线 A1、A0 与端口的对应关系见表 7-7。

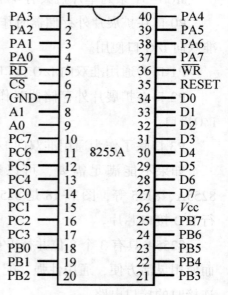

图 7-19　8255A 引脚图

表 7-7　地址线 A1、A0 与端口的对应关系

A1	A0	端口选择
0	0	A 口
0	1	B 口
1	0	C 口
1	1	控制口

8255A 各端口工作状态与控制信号的关系，见表 7-8。

表 7-8　8255A 各端口工作状态与控制信号的关系

$\overline{CS}$	A1	A0	$\overline{RD}$	$\overline{WR}$	工作状态
0	0	0	0	1	读端口 A：A 口数据→数据总线
0	0	1	0	1	读端口 B：B 口数据→数据总线
0	1	0	0	1	读端口 C：C 口数据→数据总线
0	0	0	1	0	写端口 A：总线数据→A 口
0	0	1	1	0	写端口 B：总线数据→B 口
0	1	0	1	0	写端口 C：总线数据→C 口
0	1	1	1	0	写控制字：总线数据→控制字口
1	×	×	×	×	数据总线为三态

要使用 8255A 进行 I/O 口扩展，还需要对 8255A 的控制字进行学习。8255A 有两个控制字：方式选择控制字和 C 口置/复位控制字。

用户通过程序可以把这两个控制字写到 8255A 的控制字寄存器，以设定 8255A 的工作方式和 C 口各位的状态，方式选择控制字和 C 口置/复位控制字的格式和定义如图 7-20 和图 7-21 所示。

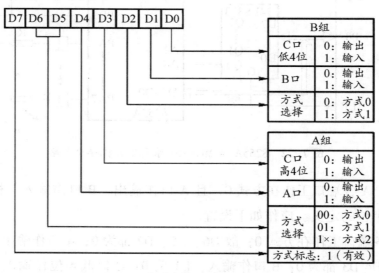

图 7-20　方式选择控制字的格式和定义

C 口置/复位控制字的 D7 必须为 0，D6、D5、D4 位可以为任意状态，一般全置 0。

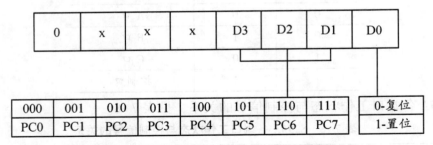

0	x	x	x	D3	D2	D1	D0

000	001	010	011	100	101	110	111	0-复位
PC0	PC1	PC2	PC3	PC4	PC5	PC6	PC7	1-置位

图 7-21 C 口置/复位控制字的格式和定义

【例 7-1】　要求 8255A 各端口工作于方式 0，A 口作输出，B 口作输入，C 口高 4 位作输出，C 口低 4 位作输入，写出 8255A 的方式控制字。

解：8255A 各端口工作在方式 0，故 D6、D5、D2 都为 0；A 口作输出，C 口高 4 位作输出，故 D4、D3 都为 0；B 口作输入，C 口低 4 位作输入，故 D1 D0 都为 1。方式控制字为 83H。

【例 7-2】　8255A 与 MCS-51 系列单片机接口电路如图 7-22 所示，8255A 的 B 口外接 8 个开关，A 口通过反相器接 8 个发光二极管，各端口均工作在方式 0，要求编写程序从 B 口读入开关的状态，再从 A 口输出点亮发光二极管。

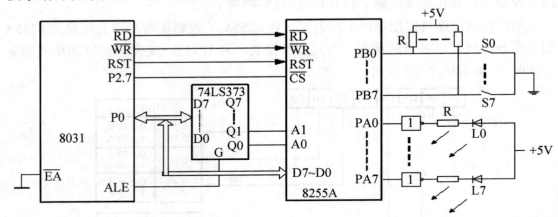

图 7-22 8255A 与 MCS-51 系列单片机接口电路

解：8255A 各端口工作在方式 0，且 A 口作输出，B 口作输入，根据 8255A 方式控制字各个位的定义，应作如下设置。

8255A 各端口工作在方式 0，故 D6、D5、D2 都为 0；A 口作输出，C 口高 4 位作输出，故 D4 D3 都为 0；B 口作输入，D1 为 0；C 口低 4 位作输出，故 D0 为 0。方式控制字为 82H。根据硬件连接，可得 8255A 各端口地址如下：

8255A 被选中 $\overline{\text{CS}}=0$，P2.7=0，故 A15=0，A14~A8 未用为 1。

选择 A 口，A1A0=00，A7~A2 都为 0，所以 A 口的地址为 7F00H；

选择 B 口，A1A0=01，A7~A2 都为 0，所以 B 口的地址为 7F01H；

选择 C 口，A1A0=10，A7~A2 都为 0，所以 C 口的地址为 7F02H；

选择控制口，A1A0=11，A7~A2 都为 0，所以控制口的地址为 7F03H。

对应的源程序为：

```
ORG    1000H
MAIN:   MOV    DPTR,#7F03H        ;DPTR←控制口地址
        MOV    A,#82H             ;方式控制字
        MOVX   @DPTR,A            ;8255A←控制字
INPB:   MOV    DPTR,#7F01H        ;指向 8255A 的 B 口
        MOVX   A,@DPTR            ;A←8255A 的 B 口
        MOV    DPTR,#7F00H        ;指向 8255A 的 A 口
        MOVX   @DPTR,A            ;8255A 的 A 口←A
D100MS: MOV    R2,#200            ;延时
DEL2:   MOV    R3,#123
        NOP
DEL3:   DJNZ   R3,DEL3
        DJNZ   R2,DEL2
        SJMP   INPB
        END
```

知识链接

1. ADC0809

ADC0809 是带有 8 位 A/D 转换器、8 路多路开关以及微处理机兼容的控制逻辑的 CMOS（互补金属氧化物半导体）组件。它是逐次逼近式 A/D 转换器，可以和单片机直接接口。

1）ADC0809 的内部逻辑结构

由图 7-23 可知，ADC0809 由一个 8 路模拟开关、一个地址锁存与译码器、一个 A/D 转换器和一个三态输出锁存器组成。多路开关可选通 8 个模拟通道，允许 8 路模拟量分时输入，共用 A/D 转换器进行转换。三态输出锁器用于锁存 A/D 转换完的数字量，当 OE 端为高电平时，才可以从三态输出锁存器取走转换完的数据。

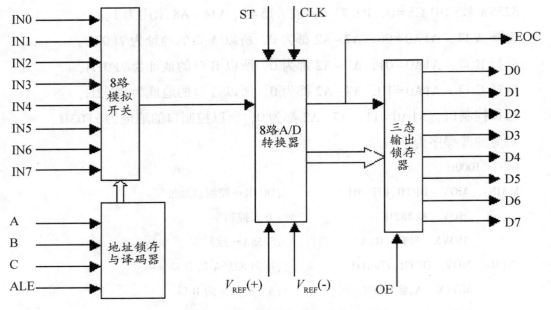

图 7-23 ADC0809 内部结构图

2）ADC0809 引脚结构（图 7-24）

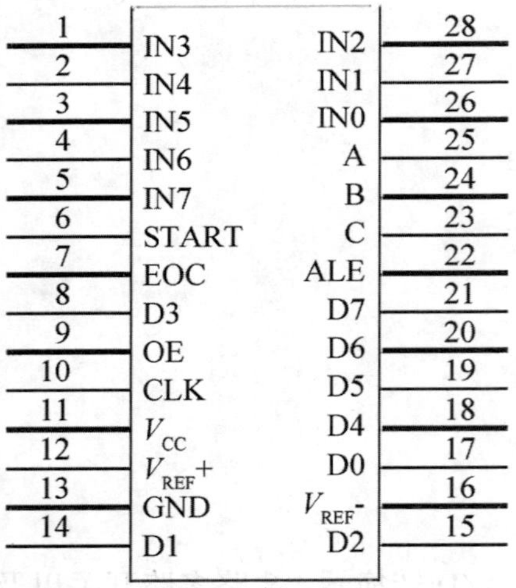

图 7-24 ADC0809 引脚结构图

ADC0809 对输入模拟量要求：信号单极性，电压范围是 0~5V，若信号太小，必须进行放大；输入的模拟量在转换过程中应该保持不变，如若模拟量变化太快，则需在输入前增加采样保持电路。

地址输入和控制线：4 条；数字量输出及控制线：11 条。

ALE 为地址锁存允许输入线，高电平有效。当 ALE 线为高电平时，地址锁存与译码器将 A，B，C 三条地址线的地址信号进行锁存，经译码后被选中的通道的模拟量进转换器进行转换。A，B 和 C 为地址输入线，用于选通 IN0~IN7 上的一路模拟量输入。通道选择如表 7-9 所示。

表 7-9 通道选择

C	B	A	选择的通道
0	0	0	IN0
0	0	1	IN1
0	1	0	IN2
0	1	1	IN3
1	0	0	IN4
1	0	1	IN5
1	1	0	IN6
1	1	1	IN7

START 为转换启动信号。当 START 上跳沿时，所有内部寄存器清零；下跳沿时，开始进行 A/D 转换；在转换期间，START 应保持低电平。EOC 为转换结束信号。当 EOC 为高电平时，表明转换结束；否则，表明正在进行 A/D 转换。OE 为输出允许信号，用于控制三条输出锁存器向单片机输出转换得到的数据。OE＝1，输出转换得到的数据；OE＝0，输出数据线呈高阻状态。图 7-23 中其余各引脚的功能定义如下。

（1）D0~D7：8 位数字量输出引脚。

（2）IN0~IN7：8 位模拟量输入引脚。

（3）V_{CC}：+5 V 工作电压。

（4）GND：地。

（5）V_{REF}（+）：参考电压正端。

（6）V_{REF}（-）：参考电压负端。

（7）START：A/D 转换启动信号输入端。

（8）ALE：地址锁存允许信号输入端。

（9）EOC：转换结束信号输出引脚，开始转换时为低电平，当转换结束时为高电平。

（10）OE：输出允许控制端，用以打开三态数据输出锁存器。

（11）CLK：时钟信号输入端（一般为 500 kHz）。

（12）A、B、C：地址输入线。

2. DAC0832

DAC0832 是双列直插式 8 位 D/A 转换器，能完成数字量输入到模拟量（电流）输出的转换。图 7-25 为 DAC0832 的引脚结构图。其主要参数如下：分辨率为 8 位，转换时间为 1μs，满量程误差为 ±1LSB，供电电源为（+5～+15）V，逻辑电平输入与 TTL 兼容。从图 7-25 中可见，在 DAC0832 中有两级锁存器，第一级锁存器称为输入寄存器，它的允许锁存信号为 ILE，第二级锁存器称为 DAC 寄存器，它的锁存信号也称为通道控制信号$\overline{\text{XFER}}$。

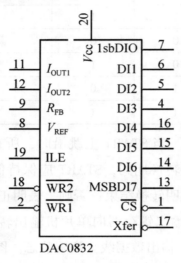

图 7-25 DAC0832 引脚结构图

当 ILE 为高电平，片选信号$\overline{\text{CS}}$和写信号$\overline{\text{WR1}}$为低电平时，输入寄存器控制信号为 1，这种情况下，输入寄存器的输出随输入而变化。此后，当$\overline{\text{WR1}}$由低电平变高时，控制信号成为低电平，此时，数据被锁存到输入寄存器中，这样输入寄存器的输出端不再随外部数据 DB 的变化而变化。

对第二级锁存来说，传送控制信号$\overline{\text{XFER}}$和写信号$\overline{\text{WR2}}$同时为低电平时，二级锁存控制信号为高电平，8 位的 DAC 寄存器的输出随输入而变化，此后，当$\overline{\text{WR2}}$由低电平变高时，控制信号变为低电平，于是将输入寄存器的信息锁存到 DAC 寄存器中。

图 7-25 中其余各引脚的功能定义如下。

（1）$DI_7 \sim DI_0$：8 位的数据输入端，DI_7为最高位。

（2）I_{OUT1}：模拟电流输出端 1，当 DAC 寄存器中数据全为 1 时，输出电流最大，当 DAC 寄存器中数据全为 0 时，输出电流为 0。

（3）I_{OUT2}：模拟电流输出端 2，I_{OUT2}与 I_{OUT1} 的和为一个常数，即 $I_{OUT1} + I_{OUT2} =$

常数。

（4）R_{FB}：反馈电阻引出端，DAC0832 内部已经有反馈电阻，所以 R_{FB} 端可以直接接到外部运算放大器的输出端，这样相当于将一个反馈电阻接在运算放大器的输出端和输入端之间。

（5）V_{REF}：参考电压输入端，此端可接一个正电压，也可接一个负电压，它决定 0~255 的数字量转化出来的模拟量电压值的幅度，V_{REF} 范围为（−10~+10）V。V_{REF} 端与 D/A 内部 T 形电阻网络相连。

（6）V_{CC}：芯片供电电压，范围为（+5~+15）V。

（7）AGND：模拟量地，即模拟电路接地端。

（8）DGND：数字量地。

【任务拓展】

用 6264（8 KB×8）构成 16 KB 的数据存储系统。要求采用线选法产生片选信号，并计算 6264 的地址范围。

MCS-51 系列单片机指令表

指令格式	指令说明	字节数	周期数
	（数据传递类指令）		
MOV A, Rn	寄存器传送到累加器	1	1
MOV A, direct	直接寻址字节传送到累加器	2	1
MOV A, @ Ri	间接寻址 RAM 传送到累加器	1	1
MOV A, #data	立即数传送到累加器	2	1
MOV Rn, A	累加器传送到寄存器	1	1
MOV Rn, direct	直接寻址字节传送到寄存器	2	2
MOV Rn, #data	立即数传送到寄存器	2	1
MOV direct, Rn	寄存器传送到寄存器	2	1
MOV direct1, direct2	直接寻址字节 2 传送到直接寻址字节 1	3	2
MOV direct, A	累加器传送到直接寻址字节	2	1
MOV direct, @ Ri	间接寻址 RAM 传送到直接寻址字节	2	2
MOV direct, #data	立即数传送到直接寻址字节	3	2
MOV @ Ri, A	累加器传送到间接寻址 RAM	1	1
MOV @ Ri, direct	直接寻址字节传送到间接寻址 RAM	2	2
MOV @ Ri, #data	立即数传送到间接寻址 RAM	2	1
MOV DPTR, #data16	16 位常数加载到数据指针	3	2
MOVC A, @ A+DPTR	程序存储器代码字节传送到累加器	1	2
MOVC A, @ A+PC	程序存储器代码字节传送到累加器	1	2
MOVX A, @ Ri	外部 RAM （8 位地址） 传送到累加器	1	2
MOVX A, @ DPTR	外部 RAM （16 位地址） 传送到累加器	1	2
MOVX @ Ri, A	累加器传送到外部 RAM （8 位地址）	1	2
MOVX @ DPTR, A	累加器传送到外部 RAM （16 位地址）	1	2
PUSH direct	直接寻址字节压入栈顶	2	2
POP direct	栈顶字节弹到直接寻址字节	2	2
XCH A, Rn	寄存器和累加器交换	1	1
XCH A, direct	直接寻址字节和累加器交换	2	1
XCH A, @ Ri	间接寻址 RAM 和累加器交换	1	1

指令格式	指令说明	字节数	周期数
XCHD A,@Ri	间接寻址 RAM 和累加器交换低 4 位字节	1	1
SWAP A	累加器高、低 4 位交换	1	1
（算术运算类指令）			
INC A	累加器加 1	1	1
INC Rn	寄存器加 1	1	1
INC direct	直接寻址字节加 1	2	1
INC @Ri	间接寻址 RAM 加 1	1	1
INC DPTR	数据指针加 1	1	2
DEC A	累加器减 1	1	1
DEC Rn	寄存器减 1	1	1
DEC direct	直接寻址字节减 1	2	1
DEC @Ri	间接寻址 RAM 减 1	1	1
MUL AB	累加器和寄存器 B 相乘	1	4
DIV AB	累加器除以寄存器 B	1	4
DA A	累加器十进制调整	1	1
ADD A,Rn	寄存器与累加器求和	1	1
ADD A,direct	直接寻址字节与累加器求和	2	1
ADD A,@Ri	间接寻址 RAM 与累加器求和	1	1
ADD A,#data	立即数与累加器求和	2	1
ADDC A,Rn	寄存器与累加器求和（带进位）	1	1
ADDC A,direct	直接寻址字节与累加器求和（带进位）	2	1
ADDC A,@Ri	间接寻址 RAM 与累加器求和（带进位）	1	1
ADDC A,#data	立即数与累加器求和（带进位）	2	1
SUBB A,Rn	累加器减去寄存器（带借位）	1	1
SUBB A,direct	累加器减去直接寻址字节（带借位）	2	1
SUBB A,@Ri	累加器减去间接寻址 RAM（带借位）	1	1
SUBB A,#data	累加器减去立即数（带借位）	2	1
（逻辑运算类指令）			
ANL A,Rn	寄存器"与"到累加器	1	1

指令格式	指令说明	字节数	周期数
ANL A,direct	直接寻址字节 "与" 到累加器	2	1
ANL A,@ Ri	间接寻址 RAM "与" 到累加器	1	1
ANL A,#data	立即数 "与" 到累加器	2	1
ANL direct,A	累加器 "与" 到直接寻址字节	2	1
ANL direct,#data	立即数 "与" 到直接寻址字节	3	1
ORL A,Rn	寄存器 "或" 到累加器	1	1
ORL A,direct	直接寻址字节 "或" 到累加器	2	1
ORL A,@ Ri	间接寻址 RAM "或" 到累加器	1	1
ORL A,#data	立即数 "或" 到累加器	2	1
ORL direct,A	累加器 "或" 到直接寻址字节	2	1
ORL direct,#data	立即数 "或" 到直接寻址字节	3	2
XRL A,Rn	寄存器 "异或" 到累加器	1	1
XRL A,direct	直接寻址字节 "异或" 到累加器	2	1
XRL A,@ Ri	间接寻址 RAM "异或" 到累加器	1	1
XRL A,#data	立即数 "异或" 到累加器	2	1
XRL direct,A	累加器 "异或" 到直接寻址字节	2	1
XRL direct,#data	立即数 "异或" 到直接寻址字节	3	2
CLR A	累加器清零	1	1
CPL A	累加器求反	1	1
RL A	累加器循环左移	1	1
RLC A	带进位累加器循环左移	1	1
RR A	累加器循环右移	1	1
RRC A	带进位累加器循环右移	1	1
(控制转移类指令)			
JMP @ A+DPTR	相对 DPTR 的无条件间接转移	1	2
JZ rel	累加器为 0 则转移	2	2
JNZ rel	累加器为 1 则转移	2	2
CJNE A,direct,rel	比较直接寻址字节和累加器，不相等则转移	3	2

续表

指令格式	指令说明	字节数	周期数
CJNE A,#data,rel	比较立即数和累加器，不相等则转移	3	2
CJNE Rn,#data,rel	比较寄存器和立即数，不相等则转移	2	2
CJNE @Ri,#data,rel	比较立即数和间接寻址 RAM，不相等则转移	3	2
DJNZ Rn,rel	寄存器减 1，不为 0 则转移	3	2
DJNZ direct,rel	直接寻址字节减 1，不为 0 则转移	3	2
NOP	空操作，用于短暂延时	1	1
ACALL addr11	绝对调用子程序	2	2
LCALL addr16	长调用子程序	3	2
RET	从子程序返回	1	2
RETI	从中断服务子程序返回	1	2
AJMP addr11	无条件绝对转移	2	2
LJMP addr16	无条件长转移	3	2
SJMP rel	无条件相对转移	2	2
(位操作类指令)			
CLR C	进位位清零	1	1
CLR bit	直接寻址位清零	2	1
SETB C	进位位置 1	1	1
SETB bit	直接寻址位置 1	2	1
CPL C	进位位取反	1	1
CPL bit	直接寻址位取反	2	1
ANL C,bit	直接寻址位"与"到进位位	2	2
ANL C,/bit	直接寻址位的反码"与"到进位位	2	2
ORL C,bit	直接寻址位"或"到进位位	2	2
ORL C,/bit	直接寻址位的反码"或"到进位位	2	2
MOV C,bit	直接寻址位传送到进位位	2	2
MOV bit,C	进位位传送到直接寻址位	2	2
JC rel	如果进位位为 1 则转移	2	2
JNC rel	如果进位位为 0 则转移	2	2
JB bit,rel	如果直接寻址位为 1 则转移	3	2

指令格式		指令说明	字节数	周期数
JNB	bit,rel	如果直接寻址位为 0 则转移	3	2
JBC	bit,rel	直接寻址位为 1 则转移并清除该位	3	2

（伪指令）

ORG	指明程序的开始位置
DB	定义数据表
DW	定义 16 位的地址表
EQU	给一个表达式或一个字符串起名
DATA	给一个 8 位的内部 RAM 起名
XDATA	给一个 8 位的外部 RAM 起名
BIT	给一个可位寻址的位单元起名
END	指出源程序到此为止

（指令中的符号标识）

Rn	工作寄存器 R0~R7
Ri	工作寄存器 R0 和 R1
@Ri	间接寻址的 8 位 RAM 单元地址（00H~FFH）
#data	8 位立即数
#data16	16 位立即数
addr16	16 位目标地址，能转移或调用到 64KB 程序存储空间内的任何地方
addr11	11 位目标地址，在下条指令的 2KB 范围内转移或调用
rel	8 位偏移量，用于 SJMP 和所有条件转移指令，范围 -128~+127
bit	片内 RAM 中的可寻址位和 SFR 的可寻址位
direct	直接地址，范围片内 RAM 单元（00H~7FH）和 80H~FFH
$	指本条指令的起始位置

参考文献

［1］梁洁婷. 单片机原理与应用［M］. 2 版. 北京：高等教育出版社，2008.

［2］姜治臻. 单片机技术及应用［M］. 北京：高等教育出版社，2009.

［3］何文平. 单片机应用与调试项目教程［M］. 北京：机械工业出版社，2011.

［4］王晋凯. 简简单单学通 51 单片机开发［M］. 北京：清华大学出版社，2014.

［5］张毅刚. 单片机原理及接口技术［M］. 2 版. 北京：人民邮电出版社，2015.